U0279744

粤菜取百家之长，用料广博，选料珍奇，配料精巧，善于在模仿中创新，依食客喜好而烹制。

经典粤菜

张鹏 主编

北京联合出版公司
Beijing United Publishing Co.,Ltd.

图书在版编目（CIP）数据

经典粤菜 / 张鹏主编．— 北京：北京联合出版公司，2014.5（2024.11 重印）

ISBN 978-7-5502-2966-2

Ⅰ．①经… Ⅱ．①张… Ⅲ．①粤菜 – 菜谱 Ⅳ．① TS972.182.65

中国版本图书馆 CIP 数据核字（2014）第 086243 号

经典粤菜

主　　编：张　鹏
责任编辑：李　征
封面设计：韩　立
内文排版：吴秀侠

北京联合出版公司出版
（北京市西城区德外大街 83 号楼 9 层　100088）
鑫海达（天津）印务有限公司印刷　新华书店经销
字数 150 千字　787 毫米 ×1092 毫米　1/16　15 印张
2014 年 5 月第 1 版　2024 年 11 月第 6 次印刷
ISBN 978-7-5502-2966-2
定价：68.00 元

前言

粤菜有着悠久的历史，其特有的菜式和韵味，独树一帜，是我国著名的八大菜系之一，在国内外都享有盛誉。粤菜由广州菜、潮州菜和客家菜组成。虽然是起步较晚的菜系，但它影响比较深远，中国港、澳地区及世界各国的中菜馆多数以粤菜为主。

粤菜取百家之长，用料广博，选料珍奇，配料精巧，善于在模仿中创新，依食客喜好而烹制。烹调技艺多样善变，烹调方法有 21 种之多，尤以蒸、炒、煎、焖、炸、煲、炖、扣等见长。讲究火候，尤重“镬气”和现炒现吃，做出的菜肴注重色、香、味、形，口味上以清、鲜、嫩、爽为主，而且随季节时令的不同而变化。夏秋菜色多清淡，冬春则偏重浓郁，并有“五滋”（香、酥、脆、肥、浓）、六味（酸、甜、苦、辣、咸、鲜）之别。

粤菜选料广博奇异，品种花样繁多，飞禽走兽、鱼虾鳌蟹，几乎都能上席。用量精而细，配料多且巧，装饰美而艳，品种繁多。风味注重质量和原汁原味，口味比较清淡，力求清中求鲜、淡中求美。

粤菜品种繁多，1965 年“广州名菜美点展览会”介绍的就有 5 457 种之多。

除了正式菜点，广东的小食、点心也制作精巧，而各地的饮食风俗也有其独到之处，如广州的早茶、潮州的功夫茶等。这些饮食风俗已经超出“吃”的范畴，成为广东的饮食文化。

食在广东还离不开早茶。它实际是变相的吃饭，各酒楼、酒店、茶楼均设早、午、晚茶，饮茶也就与谈生意、听消息、会朋友联系在一起了。广东饮茶离不开茶、点心、粥、粉、面，还有一些小菜。值得一提的是潮州功夫茶，它备用特制的紫砂茶壶、白瓷小杯和乌龙茶，投茶量大，茶汤浓香带苦，却有回甘，让人回味无穷。广东点心历史悠久、品种繁多，造型精美且口味新颖，别具特色。

总的来说，粤菜吃的不只是菜，还是一种文化、一种健康标准的体现。本书共介绍了300多道经典粤菜，分为素菜类70多道、畜肉类菜60多道、禽蛋类60多道、水产海鲜类100多道。部分菜品逐一介绍了材料准备、调料准备、做法演示、营养分析等项目，以帮助读者掌握经典粤菜的烹调技术和健康知识，吃出品味和健康。

1 第1章 食在粤菜

2 第2章 素菜类

3 第3章 畜肉类

4 第4章 禽蛋类

5
第5章
水产海鲜类

第1章 食在粤菜

作为中国汉族八大菜系之一，粤菜起步比较晚，但其以多样的烹饪技艺、奇异广博的原料选择以及海纳百川地吸取其他各大菜系的长处，影响深远。

粤菜的组成

粤菜有三大分支，这三大分支组成了今天我们看到的粤菜，分别是广州菜、东江菜、潮州菜这三种地方菜系，其中又以广州菜为代表。

广州菜

广州菜包括珠江三角洲和肇庆、韶关、湛江等地的名食。广州菜取料广泛，品种花样繁多，天上飞的，地上爬的，水中游的，几乎都能上席。广州菜用量精而细，配料多而巧，善于变化。风味讲究清而不淡，鲜而不俗，嫩而不生，油而不腻。随季节时令的变化，广州菜在口味上也有所偏重，夏秋偏重清淡，冬春偏重浓郁。广州菜擅长小炒，要求掌握火候和油温。

东江菜

东江菜又称“客家菜”。客家人原是中原人，在汉末和北宋后期因避战乱南迁，聚居在广东东江一带，其语言、风俗尚保留中原固有的风貌。东江菜以惠州菜为代表，菜品多为肉类，酱料简单，主料突出，香浓讲究，下油重，味偏咸，以砂锅菜见长，有独特的乡土风味。

潮州菜

潮州府故属闽地，其语言和习俗与闽南相近。故潮州菜接近闽、粤，汇两家之长，自成一派。潮州菜以烹调海鲜见长，刀工技术讲究，口味偏重香、浓、鲜、甜。喜用鱼露、沙茶酱、梅羔酱、姜酒等调味品，甜菜较多，款式百种以上，都是粗料细作，香甜可口。

粤菜的三大特点

粤菜食谱绚丽多姿，烹调法技艺精良而且方法众多，并以其用料广博、用量精细、注重品“味”著称。

特点一

广东地处亚热带，濒临南海，雨量充沛，物产富饶，所以广东的饮食，在选材上得天独厚，这也就造就了粤菜的第一大特点——用料广博。据粗略估计，粤菜的用料达数千种，举凡各地菜系所用的家养禽畜、水泽鱼虾，粤菜无不用之；而各地所不用的蛇、鼠、猫、狗以及山间野味，粤菜则视为上肴。粤菜不仅主料丰富，而且配料和调料亦十分丰富。为了显出主料的风味，粤菜选择配料和调料十分讲究，配料不会杂，调料是为调出主料的原味，两者均以清新为本，讲求色、香、味、形，且以味鲜为主体。

特点二

粤菜的第二个特点在于用量精细，装饰美而艳，且善取各家之长，为己所用，常学常新。如苏菜中的名菜松鼠鳜鱼，饮誉大江南北，粤菜名厨运用娴熟的刀工将鱼改成小菊花型，名为“菊花鱼”。如此一改，能一口一块，用筷子及刀叉食用都方便、卫生，苏菜经过改造，便成了粤菜。

特点三

粤菜的第三个特点是注重菜品的“味”，风味上清中求鲜、淡中求美。烹调以炒为主，兼有烩、煎、炖、煲、扒，讲究清而不淡，鲜而不俗，嫩而不生，油而不腻。

粤菜的烹饪方法

粤菜的烹饪方法有很多种，讲究火候，尤重现炒现吃，做出的菜肴注重色、香、味、形，口味上以清、鲜、嫩、爽为主。

烩

烩是指将原料油炸或煮熟后改刀，放入锅内加辅料、调料、高汤烩制的方法。具体做法是将原料投入锅中略炒或在滚油中过油或在沸水中略烫之后，放在锅内加水或浓肉汤，再加佐料，用大火煮片刻，然后加入芡汁拌匀至熟。

焖

焖是从烧演变而来的，是将加工处理后的原料放入锅中加适量的汤水和调料，盖紧锅盖烧开后改用中火进行较长时间的加热，待原料酥软入味后，留少量味汁成菜的烹饪技法。

煎

日常所说的煎，是指先把锅烧热，再以凉油涮锅，留少量底油，放入原料，先煎一面上色，再煎另一面。煎时要不停地晃动锅，以使原料受热均匀，色泽一致，使其熟透，食物表面会成金黄色乃至微糊。

煲

煲就是把原材料小火煮，慢慢地熬。煲汤往往选择富含蛋白质的动物原料，一般需要三个小时左右。

炖

炖是指将原材料加入汤水及调味品，先用旺火烧沸，然后转成中小火，长时间烧煮的烹调方法。炖出来的汤的特点是：滋味鲜浓、香气醇厚。

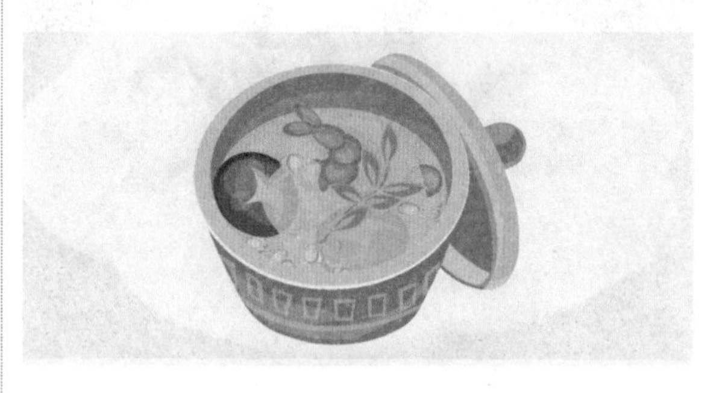

蒸

蒸是一种常见的烹饪方法，其原理是将经过调味后的原材料放在容器中，以蒸汽加热，使其成熟或酥烂入味，其特点是保留了菜肴的原形、原汁、原味。

制作广东靓汤的关键

要想做好一锅既美味又营养的广东老火靓汤，一定要注意以下三个关键。

注意主料和调味料的搭配

常用的花椒、生姜、胡椒、葱等调味料，这些都起去腥增香的作用，一般都是少不了的，针对不同的主料，需要加入不同的调味料。比如烧羊肉汤，由于羊肉膻味重，调料如果不足的话，做出来的汤就是涩的，这就得多加姜片和花椒了。但调料多了也有一个不好的地方，就是容易产生太多的浮沫，这就需要大家在做汤的后期自己耐心地将浮沫撇掉。

选择优质合适的配料

一般来说，根据所处季节的不同，加入时令蔬菜作为配料，比如炖酥肉汤的话，春夏季就加入菜头做配料，秋冬季就加白萝卜。对于那些比较特殊的主料，需要加特别的配料，比如，牛羊肉烧汤喝了就很容易上火，就需要加去火的配料，这时，白萝卜就是比较好的选择了，二者合炖，就没那么容易使人上火了。

原料应冷水下锅

制作老火靓汤的原料一般都是整只整块的动物性原料，如果投入沸水中，原料表层细胞骤受高温易凝固，会影响原料内部蛋白质等物质的溢出，成汤的鲜味便会不足。煲老火靓汤讲究“一气呵成”，不应中途加水，否则会使汤水温度突然下降，肉内蛋白质突然凝固，不能充分溶解于汤中，有损汤的美味。

蒸菜的好处及分类

就烹饪而言，如果没有蒸，我们就永远尝不到由蒸带来的鲜、香、嫩、滑之滋味。

蒸菜的定义

蒸是一种重要的烹调方法，其原理是将原料放在容器中，以蒸汽加热，使调好味的原料成熟或酥烂入味。其特点是，保留了菜肴的原形、原汁、原味。比起炒、炸、煎等烹饪方法，更符合健康饮食的要求。

蒸菜的四大好处

①吃蒸菜不会上火。蒸的过程是以水渗热、阴阳共济，蒸制的菜肴吃了不会上火。②吃蒸饭蒸菜营养好。蒸能避免菜品因受热不均和过度煎、炸造成有效成分的破坏和有害物质的产生。③蒸品最卫生。菜肴在蒸的过程中，餐具也得到蒸汽的消毒，避免二次污染。④蒸菜的味道更纯正。“蒸”是利用蒸汽的对流作用，把热量传递给菜肴原料，使其成熟，所以蒸出来的食品清淡、自然，既能保持食物的外形，又能保持食物的风味。

蒸菜的种类

清蒸：指单一口味原料直接调味蒸制。

粉蒸：指腌味的原料上浆后，蘸上一层熟玉米粉蒸制成菜的方法。

糟蒸：是在蒸菜的调料中加糟卤或糟油，使成菜品有特殊的糟香味的蒸法。

上浆蒸：是鲜嫩原料用蛋清淀粉上浆后再蒸的方法。

扣蒸：就是将原料经过改刀处理按一定顺序放入碗中，上笼蒸熟的方法。

锁住肉类营养，烹调时有秘诀

肉类具有营养丰富和味道鲜美的特点。烹调肉类并留住其营养的诀窍，主要有以下几点。

肉块要切得大些

肉类内含有可溶于水的含氮物质，炖猪肉时释出越多，肉汤味道越浓，肉块的香味则会相对减淡，因此炖肉的肉块切得要适当大些，以减少肉内含氮物质的外溢，这样肉味可比小块肉鲜美。另外不要用旺火猛煮：一是肉块遇到急剧的高热时肌纤维会变硬，肉块就不易煮烂；二是肉中的芳香物质会随猛煮时的水汽蒸发掉，使香味减少。

肉类焖制营养最高

肉类食物在烹调过程中，某些营养物质会遭到破坏。采用不同的烹调方法，其营养损失的程度也有所不同。如蛋白质，在炸的过程中损失可达 8% ~ 12%，煮和焖则损耗较少；B 族维生素在炸的过程中损失 45%，煮为 42%，焖为 30%。由此可见，肉类在烹调过程中，焖制损失营养最少。另外，如果把肉剁成肉泥，与面粉等做成丸子或肉饼，其营养损失要比直接炸和煮减少一半。

炖肉少加水

在炖煮肉类时，要少加水，以使汤汁滋味醇厚。在煮、炖的过程中，水溶性维生素和矿物质溶于汤汁内，如随汤一起食用，会减少损失。因此，在食用红烧、清炖及蒸、煮的肉类及鱼类食物时，应连汁带汤都吃掉。

肉类和蒜一起烹饪更有营养

关于瘦肉和大蒜的关系，民间就有谚语云：“吃肉不加蒜，营养减一半。”意思就是说肉类食品和蒜一起烹饪更有营养。

动物性食品中，尤其是瘦肉中含有丰富的维生素 B_1，但维生素 B_1 并不稳定，在人体内停留的时间较短，会随尿液大量排出。而大蒜中含特有的蒜氨酸和蒜酶，二者接触后会产生蒜素，肉中的维生素 B_1 和蒜素结合能生成稳定的蒜硫胺素，从而保持肉中维生素 B_1 的含量。不仅如此，蒜硫胺素还能延长维生素 B_1 在人体内的停留时间，提高其在胃肠道的吸收率和人体内的利用率。所以，在日常饮食中，吃肉时应适量吃一点蒜，既可解腥去异味，又能达到事半功倍的营养效果。

怎样烹调蔬菜更健康

蔬菜中含有许多易溶于水的营养成分。烹调新鲜蔬菜的第一步，就是要考虑到保存住这些营养素，不让它们随水流失。

不要久存蔬菜

很多人喜欢一周进行一次大采购，把采购回来的蔬菜存在家里慢慢吃，这样虽然节省了时间，也很方便，殊不知，蔬菜放置一天就会损失大量的营养素。例如，菠菜在通常情况下（20℃）每放置一天，维生素C的损失就高达84%。因此，应尽量减少蔬菜的储藏时间。如果储藏也应该选择干燥、通风、避光的地方。

蔬菜买回家后不能马上整理。许多人习惯把蔬菜买回家以后就立即整理，整理好后却要隔一段时间才炒。其实我们买回来的包菜的外叶、莴笋的嫩叶、毛豆的荚都是活的，它们的营养物质仍然在向可食用部分供应，所以保留它们有利于保存蔬菜的营养物质。而整理以后，营养物质容易丢失，菜的品质自然下降，因此，不打算马上炒的蔬菜就不要立即整理，应现炒现理。

不要先切后洗

许多蔬菜，人们都习惯先切后洗。其实，这样做是非常不科学的。因为这种做法会加速蔬菜营养素的氧化和可溶物质的流失，使蔬菜的营养价值降低。要知道，蔬菜先洗后切，维生素C可保留98.4%～100%；如果先切后洗，维生素C就只能保留73.9%～92.9%。正确的做法是：把叶片剥下来清洗干净后，再用刀切成片、丝或块，随即下锅烹炒。还有，蔬菜不宜切得太细，过细容易丢失营养素。据研究，蔬菜切成丝后，维生素仅保留18.4%。至于花菜，洗净后只要用手将一个个绒球肉质花梗团掰开即可，不必用刀切，因为用刀切时，肉质花梗团便会被弄得粉碎不成形。当然，最后剩下的肥大主花大茎要用刀切开。总之，能够不用刀切的蔬菜就尽量不要用刀切。

蔬菜不要切成太小块

蔬菜切成小块，过1小时维生素C会损失20%。蔬菜切成稍大块，有利于保存其中的营养素。有些蔬菜若可用手撕断，就尽量少用刀切。

掌握做菜的火候

在烹调方法中，蒸对维生素破坏最少，煮损失最多，煎居中，其排列顺序是蒸、炸、煎、炒、煮。不论用哪种方法，都要热力高、速度快、时间短。做菜时还要盖好锅盖，这样可以防止水溶性维生素随水蒸气跑掉。

炒菜用铁锅最好

用铁锅炒菜维生素损失较少，还可补充铁质。若用铜锅炒菜，维生素C的损失要比用其他炊具高2～3倍。这是因为用铜锅炒菜会产生铜盐，可促使维生素C氧化。

炒菜油温不可过高

炒菜时，当油温高达200℃以上时，会产生一种叫做“丙烯醛”的有害气体，它是油烟的主要成分，还会使油产生大量极易致癌的过氧化物。因此，炒菜还是用八成热的油较好。

少放调料

美国科学家的一项调查表明，胡椒、桂皮、白芷、丁香、小茴香、生姜等天然调味品有一定的诱变性和毒性，多吃可导致人体细胞畸变，易患癌症，还会给人带来口干、咽喉痛、精神不振、失眠等副作用，有时也会诱发高血压、肠胃炎等多种病变，所以提倡烹调时少放调味料。

连续炒菜须刷锅

经常炒菜的人知道，在每炒完一道菜后，锅底就会有一些黄棕色或黑褐色的黏滞物。有些人连续炒菜不刷锅，认为这样既节省了时间，又不会造成油的浪费。事实上，如果接着炒第二道菜，锅底里的黏滞物就会粘在锅底，从而出现“焦味”，而且会给人体的健康带来隐患。

蔬菜用沸水焯熟

维生素含量高且适合生吃的蔬菜应尽可能凉拌生吃，或在沸水中焯1～2分钟后再拌，也可用带油的热汤烫菜。用沸水煮根类蔬菜可以软化膳食纤维，改善蔬菜的口感。

第2章

素菜类

蔬菜是人们日常饮食中必不可少的食物，可提供人体所必需的多种维生素和矿物质。多食蔬菜有很多好处，如延年益寿、降低胆固醇、减少肾脏负担、降低患癌症的几率、减少寄生虫感染等。

白灼菜心

制作时间 2分钟

材料 菜心400克，姜丝、红椒丝各少许

调料 盐10克，生抽5毫升，味精3克，鸡精3克，芝麻油、食用油各适量

营养分析

菜心富含钙、铁、胡萝卜素和维生素C，对抵御皮肤过度角质化大有裨益，可促进血液循环、散血消肿。菜心还含有能促进眼睛视紫质合成的物质，能明目，还能清热解毒、润肠通便，对口腔溃疡、牙齿松动、牙龈出血等也有防治作用。

制作指导 菜心入锅煮的时间不可太久，否则菜叶会变黄，影响成品美观。

做法演示

1. 将洗净的菜心修整齐。
2. 锅中加约1500毫升水，大火烧开，加入食用油、盐。
3. 放入菜心，拌匀，煮约2分钟至熟。
4. 将煮好的菜心捞出，沥干水分。
5. 装入盘中备用。
6. 取小碗，加入生抽、味精、鸡精；再加入煮菜心的汤汁。
7. 放入姜丝、红椒丝、芝麻油拌匀，制成味汁。
8. 将调好的味汁盛入味碟中。
9. 食用菜心时佐以味汁即可。

白灼菠菜

制作时间 3分钟

材料 菠菜150克，姜丝、红椒丝、豉油各少许

调料 盐4克，鸡粉3克，白糖5克，豉油、食用油适量

食材处理

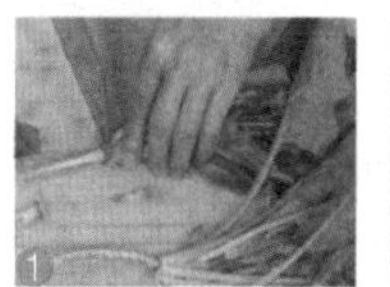

1. 菠菜洗净，去除根蒂。
2. 装入盘中备用。

制作指导 煮菠菜前先将其放入开水中快速焯一下，可除去草酸，有利于人体吸收菠菜中的钙质。

做法演示

1. 锅中倒入适量清水，加盖，用大火烧开。
2. 揭盖，淋入少许食用油，加入适量盐、鸡粉。
3. 放入菠菜，煮至熟。
4. 捞出已经煮好的菠菜。
5. 装入盘中备用。
6. 锅中注入适量食用油，烧热，倒入适量豉油。
7. 加入姜丝、红椒丝、鸡粉、白糖，煮沸制成豉油汁。
8. 将豉油汁浇在菠菜上。
9. 稍放凉后即可食用。

白灼茼蒿

制作时间 3分钟

材料 茼蒿250克

调料 盐、红椒生抽汁各少许

营养分析

茼蒿含有丰富的维生素、胡萝卜素及多种氨基酸，有助于老年人养心安神、降压补脑。茼蒿还含有具有特殊香味的挥发油，有助于宽中理气、消食开胃。

制作指导 茼蒿中的芳香精油遇热易挥发，不宜长时间焯煮，煮熟后应立即捞出。

做法演示

1. 锅中加少许清水烧开。
2. 加少许大豆油和盐。
3. 搅匀，大火煮沸。
4. 倒入洗净了的茼蒿。
5. 搅拌拌匀。
6. 煮熟后立即捞出装盘。
7. 淋入适量红椒生抽汁。
8. 即可食用。

白灼芥蓝

制作时间 3分钟

材料 芥蓝300克，红椒丝10克

调料 盐、豉油、生抽各适量

营养分析

芥蓝含有蛋白质、维生素A、维生素C等营养成分，具有降低胆固醇、软化血管、预防心脏病等功效。芥蓝中还含有有机碱，这使它有一些苦味，能刺激人的味觉神经，增进食欲，还可加快胃肠蠕动，有助消化。

制作指导 起锅前加入少许料酒，可使味道更鲜美。

做法演示

1. 芥蓝洗净，将菜头切开。
2. 锅中倒入适量清水。
3. 加适量盐、食用油，加盖煮沸。
4. 放入芥蓝。
5. 用锅勺搅拌。
6. 焯熟后捞出。
7. 装入盘中备用。
8. 在芥蓝上撒上红椒丝。
9. 盘底浇入豉油生抽汁即成。

葱油芥蓝

制作时间 2分钟

材料 芥蓝250克，大葱30克

调料 盐4克，味精、白糖、水淀粉、料酒各少许，食用油35毫升

食材处理

1. 将洗净的大葱切成段；洗净的芥蓝切成段。
2. 锅中注入清水烧开，加入食用油，倒入芥蓝拌匀。
3. 煮约1分钟捞出备用。

制作指导 芥蓝有苦涩味，炒时加入少量糖，可以改善口感。

做法演示

1. 锅置大火上，注油烧热，倒入大葱爆香。
2. 倒入芥蓝，加少许料酒。
3. 翻炒至熟。
4. 加入盐、味精、白糖炒匀调味。
5. 加入少许水淀粉勾芡。
6. 将勾芡后的菜炒匀。
7. 将炒好的芥蓝盛入盘内。
8. 即可食用。

奶油白菜

制作时间 2分钟

材料 大白菜300克，牛奶150毫升，枸杞2克

调料 食用油30毫升，盐3克，鸡粉3克

食材处理

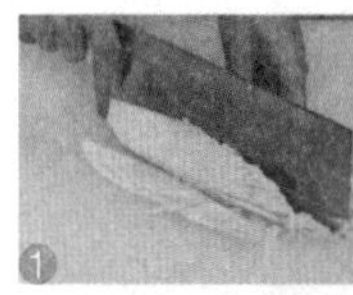
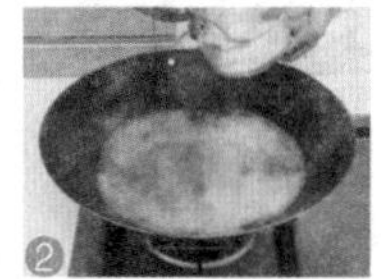

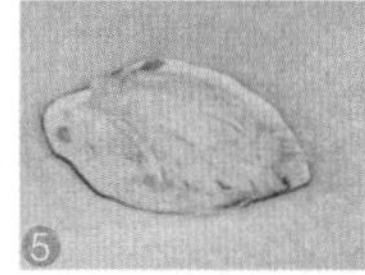

1. 将洗好的大白菜对半切开，切成长条。
2. 锅中注入适量清水，烧开，加入盐、鸡粉。
3. 倒入大白菜煮约2分钟至熟。
4. 捞出大白菜。
5. 装入盘中备用。

做法演示

1. 锅注油烧热，倒入大白菜炒约1分钟至熟。
2. 倒入牛奶。
3. 加入鸡粉、盐。
4. 倒入枸杞拌炒至入味。
5. 将煮好的大白菜盛入盘内。
6. 淋上锅中的汤汁即可。

营养分析

大白菜具有通利肠胃、清热解毒、止咳化痰、利尿养胃的功效，是营养极为丰富的蔬菜。大白菜所含丰富的粗纤维能促进肠壁蠕动，稀释肠道毒素，常食可增强人体抗病能力，对伤口难愈、牙齿出血有辅助治疗作用，还有降低血压、降低胆固醇、预防心血管疾病的功用。

鲍汁冬瓜

材料 冬瓜350克，西蓝花50克

调料 鲍汁200克，盐3克，鸡精2克

做法

1. 将冬瓜去皮洗净，切块，摆盘。
2. 西蓝花洗净，掰小朵，焯水后摆在冬瓜盘里。
3. 将冬瓜放入蒸锅蒸10分钟，取出。
4. 炒锅加少许油加热，倒入鲍汁烧沸，加盐和鸡精。
5. 起锅淋在冬瓜上即可。

鲜果蒸百合

材料 百合、蜜枣、柑橘、樱桃、莲子各适量

调料 白糖适量

做法

1. 百合洗净，泡发撕片。
2. 樱桃去蒂洗净。
3. 柑橘去皮，掰成瓣。
4. 莲子去皮，去莲心，洗净。
5. 净锅注入清水烧开，下入百合、樱桃、柑橘、莲子煮熟。
6. 调白糖拌匀即可。

鲍汁白灵菇

材料 白灵菇100克，西蓝花少许

调料 鲍汁、盐各适量

做法

1. 白灵菇洗净，切片。
2. 西蓝花洗净，切成小朵。
3. 将切好的白灵菇入盘摆好，放入西蓝花，入蒸锅蒸熟。
4. 调鲍汁、盐调成味汁，倒入盘中即可。

果汁白菜心

材料 嫩白菜心500克，黄瓜20克，胡萝卜1根

调料 盐5克，柠檬汁20克，白糖15克

做法

1. 将白菜心洗净，切丝。
2. 黄瓜洗净，切丝。
3. 胡萝卜去皮，切丝。
4. 将所有原材料放入碗中，调入盐腌渍 15 分钟。
5. 沥去水分，加入柠檬汁、白糖，拌匀即可食用。

白菜海带豆腐煲

材料 白菜200克，海带结80克，豆腐55克

调料 高汤、精盐各少许，味精、香菜各3克

做法

1. 将白菜洗净，撕成小块。
2. 海带结洗净。
3. 豆腐切块，备用。
4. 炒锅上火加入高汤下入白菜、豆腐、海带结，调入精盐、味精。
5. 煲至熟，撒入香菜即可。

蚝油包生菜

制作时间 2分钟

材料 包生菜250克

调料 鸡粉、蚝油、老抽、盐、味精、水淀粉各适量

食材处理

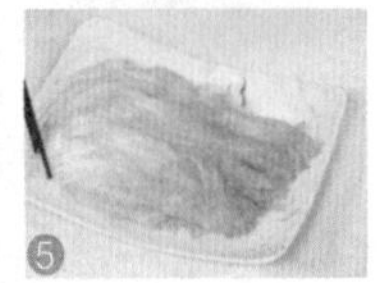

1. 锅中倒入清水烧开后倒入食用油。
2. 再放入少许食盐拌匀。
3. 放入已洗净的包生菜，煮约1分钟。
4. 用漏勺拌煮至熟捞出。
5. 将焯熟的包生菜整齐地摆入盘中。

制作指导 包生菜营养丰富也极易熟，所以放清水煮的时间不宜过长，若时间过长不仅会影响口感，还会破坏其营养成分。

做法演示

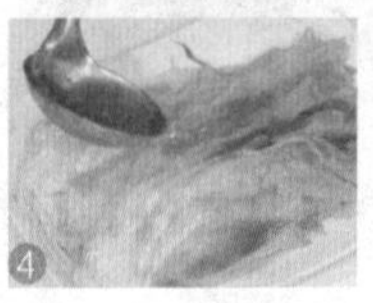

1. 起油锅，加少许清水烧开。
2. 放入适量的鸡粉、蚝油、老抽。
3. 加入盐、味精和水淀粉调成芡汁。
4. 将芡汁浇在包生菜上。
5. 摆好盘，即可食用。

营养分析

包生菜的含水量很高，营养非常丰富，而且最突出的特点就是超级低脂，不少女性喜欢吃香脆可口的蚝油包生菜。如果想减肥，包生菜是你最好的选择。包生菜富含B族维生素、维生素C、维生素E、膳食纤维以及多种矿物质。多吃包生菜，对于人的消化系统大有裨益。

蚝油生菜

制作时间 2分钟

材料 生菜200克

调料 盐2克，味精1克，蚝油4克，水淀粉、白糖、食用油各少许

营养分析

生菜含有胡萝卜素、维生素C、膳食纤维等多种营养元素。蚝油也是一种含有多种营养成分的调味料。蚝油与生菜搭配，有降血脂、降血压、降血糖、促进智力发育以及抗衰老等功效。

制作指导 烹饪此菜前，一定要将生菜彻底清洗干净，以去除残留的农药化肥。

做法演示

1. 生菜洗净，切成长块。
2. 用油起锅，倒入生菜。
3. 翻炒约1分钟至熟软。
4. 加入蚝油。
5. 加味精、盐、白糖炒匀调味。
6. 再加入水淀粉勾芡。
7. 翻炒至熟透。
8. 将炒好的生菜盛入盘内。
9. 淋上少许汁液即成。

鸡汁丝瓜

制作时间 2分钟

材料 丝瓜300克，鸡汁70毫升，姜片、蒜末、红椒片、葱白各少许

调料 食用油30毫升，盐3克，蚝油、水淀粉各少许

食材处理

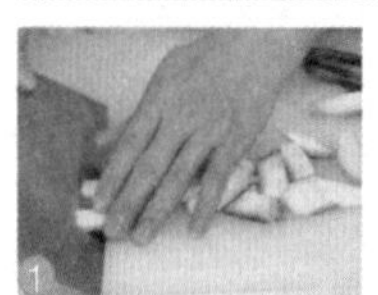

1. 将洗净的丝瓜去皮后切成片。
2. 切好的丝瓜装入盘中备用。

制作指导 丝瓜最好现配现炒，这样不容易发黑。

做法演示

1. 锅注油烧热，倒入姜片、蒜末、葱白、红椒片爆香。
2. 倒入丝瓜炒约1分钟至熟软。
3. 淋入鸡汁炒至入味。
4. 加入盐、蚝油炒匀。
5. 加入少许水淀粉勾芡，再用小火翻炒均匀。
6. 盛入盘内即可食用。

营养分析

丝瓜中含防止皮肤老化的维生素B_1和增白皮肤的维生素C等成分，能保护皮肤、消除斑块，使皮肤洁白、细嫩，是不可多得的美容佳品，故丝瓜汁有“美人水”之称。平时多吃丝瓜，对调理月经有帮助。丝瓜还有清暑凉血、解毒通便、润肤美容等功效。

蒜蓉红菜薹

制作时间 2分钟

材料 红菜薹500克，蒜蓉25克

调料 盐2克，味精1克，白糖3克，水淀粉、食用油各适量

食材处理

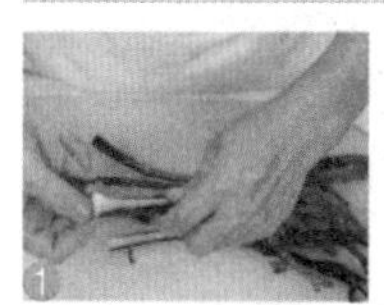

1 洗净的红菜薹去除老筋。

2 再切成段。

制作指导 勾芡时不宜勾得过厚，薄薄的一层就可以了。这样既可以增亮色泽，又可以保持红菜薹的独特风味。

做法演示

1 炒锅热油，倒入蒜蓉爆香。

2 再倒入红菜薹。

3 翻炒至熟透。

4 加盐、味精、白糖调味。

5 用水淀粉勾芡，翻炒至入味。

6 盛入盘中即成。

营养分析

红菜薹营养丰富，色泽艳丽，质地脆嫩，是佐餐之佳品。红菜薹含有钙、磷、铁、胡萝卜素、抗坏血酸以及多种维生素，能补血顺气、化痰下气、祛瘀止带、解毒消肿，还有活血降压的功效。

木耳酸笋拌黄瓜

制作时间 5分钟

材料 黄瓜150克，酸笋80克，水发木耳30克，彩椒片少许

调料 盐、食用油、白糖、鸡粉、蒜油各适量

食材处理

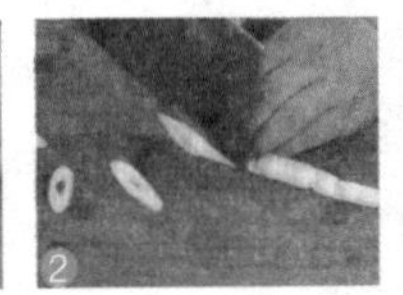

1. 将洗净的黄瓜对半切开，切去瓜瓤，改切成块。
2. 将洗好的酸笋切成片。
3. 木耳切成小朵。

制作指导 木耳根部的味道很涩，清洗时要切去，以免影响成菜的口感。

做法演示

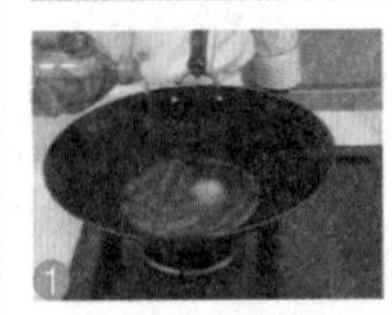

1. 锅中倒入少许清水，加少许盐、食用油煮沸。
2. 倒入切好的木耳、酸笋。
3. 焯煮约2分钟至熟后捞出。
4. 将焯熟的材料装入碗中。
5. 将黄瓜、彩椒倒入碗中。
6. 加盐、鸡粉、白糖。
7. 再倒入蒜油。
8. 用筷子将其充分拌匀。
9. 摆入盘内即可食用。

蒜薹炒山药

材料 蒜薹150克，山药150克，彩椒片20克

调料 盐3克，鸡粉、白糖、水淀粉、食用油各少许

食材处理

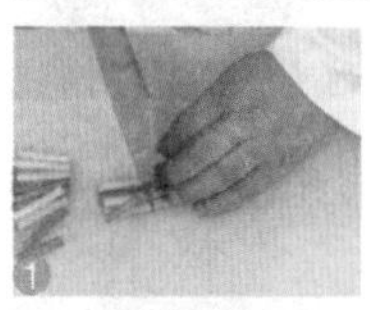

1. 将洗好的蒜薹切段。
2. 把去皮洗净的山药切段，浸泡在水中。
3. 锅中注水，加盐和食用油烧开。
4. 倒入蒜薹、山药焯烫1分钟。
5. 再倒入彩椒片略烫。
6. 捞出焯好的所有食材。

制作指导 山药切片后需立即浸泡在盐水和醋水中，以防止其氧化发黑。

做法演示

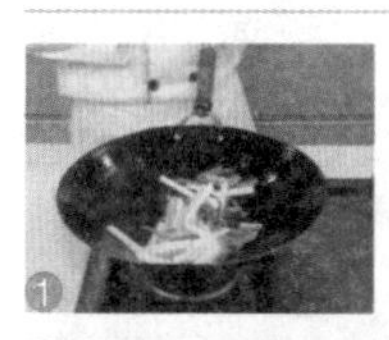

1. 热锅注油倒入山药、彩椒、蒜薹拌炒约 2 分钟。
2. 加入盐、鸡粉、白糖炒匀。
3. 再加入少许水淀粉。
4. 快速拌炒均匀。
5. 起锅，盛入盘内即成。

营养分析

山药是一种高营养、低热量的食品，富含大量的淀粉、蛋白质、B族维生素、维生素C、维生素E、黏液蛋白、氨基酸和矿物质。其所含的黏液蛋白有降低血糖的作用，是糖尿病人的食疗佳品。常食山药还有增强人体免疫力、益心安神、宁咳定喘、延缓衰老等保健作用。

洋葱炒黄豆芽

制作时间 3分钟

材料 黄豆芽120克，洋葱100克，胡萝卜丝、葱段各适量

调料 盐2克，味精、水淀粉各适量

食材处理

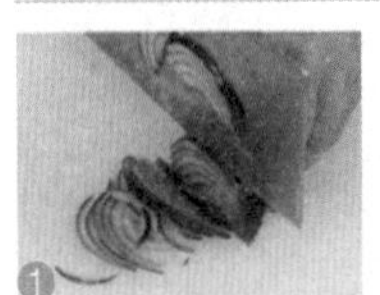

1. 将洗好的洋葱切丝。
2. 锅中倒入清水，加入盐，放入胡萝卜丝。
3. 煮沸后捞出胡萝卜丝。

制作指导 黄豆芽下锅后，适当加些食醋，可减少维生素C和维生素B_2的流失。

做法演示

1. 热锅注油倒入洗好的黄豆芽、洋葱炒约1分钟。
2. 倒入胡萝卜丝。
3. 加盐、味精拌炒匀。
4. 加入少许水淀粉勾芡。
5. 撒入葱段拌炒均匀。
6. 盛入盘中即可。

营养分析

洋葱含有糖、蛋白质、维生素、碳水化合物及各种无机盐等营养成分，具有利尿、防癌、降压等功效。高血脂患者常吃洋葱，可以稳定血压，改善血管脆化，对人体动脉血管有很好的保护作用。

西蓝花冬瓜

制作时间 12分钟

材料 冬瓜300克，西蓝花150克，胡萝卜少许，葱花5克

调料 盐2克，鸡粉、白糖、水淀粉、芝麻油、食用油各适量

食材处理

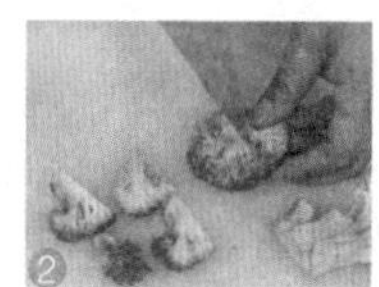

1. 将去皮洗净的冬瓜切上十字花刀，再切成块。
2. 把洗好的西蓝花切成朵；洗净的胡萝卜切片。
3. 将冬瓜装入碗中，加入盐、鸡粉、白糖。

制作指导 焯烫西蓝花的时间不宜太长，否则会失去脆感。

做法演示

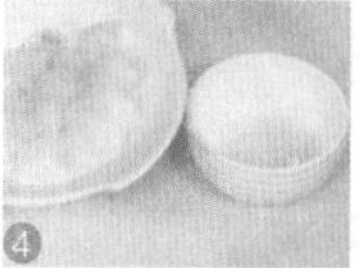

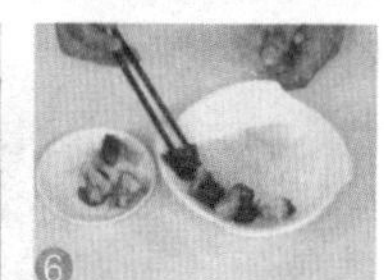
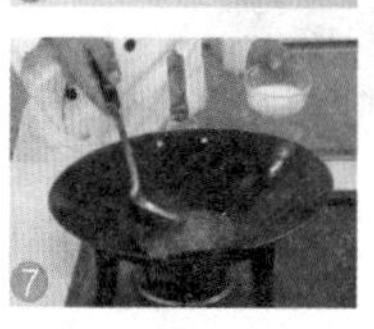
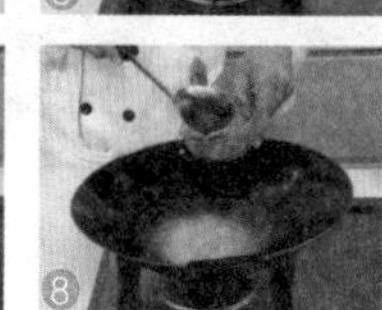
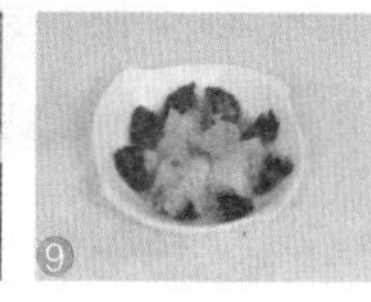

1. 将冬瓜放入蒸锅中。
2. 加盖，中火蒸约7～8分钟至熟。
3. 揭盖，取出蒸好的冬瓜。
4. 将碗中的原汤倒出。
5. 起锅注水加盐和食用油烧开，倒入胡萝卜、西蓝花。
6. 焯熟后捞出装入盘中；将西蓝花和胡萝卜摆入装有冬瓜的碗中。
7. 另起锅，倒入原汤烧开，加入水淀粉调匀。
8. 再淋入芝麻油调成芡汁。
9. 将芡汁均匀地浇入碗内，撒上葱花即成。

红枣蒸南瓜

制作时间 18分钟

材料 南瓜200克，红枣少许

食材处理

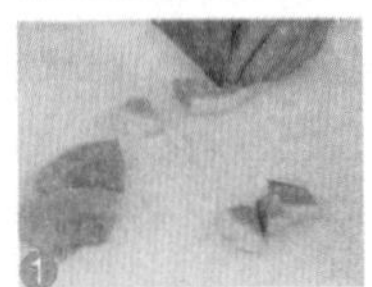

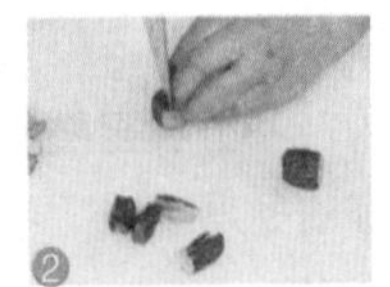

1. 把去皮洗净的南瓜切成小块。
2. 洗净的红枣切开并去除核。

制作指导 蒸制南瓜红枣时，可根据个人的喜好来确定蒸的时间，若喜欢食用绵软的南瓜，可适量延长蒸的时间，用小火蒸。

做法演示

1. 将切好的南瓜装入盘中，放上切好的红枣。
2. 将南瓜、红枣放入蒸锅。
3. 盖上锅盖，用中火蒸约15分钟至熟透。
4. 揭盖，取出蒸好的食材。
5. 摆好盘即成。

营养分析

南瓜中微量元素钴的含量较高，是其他蔬菜都不能相比的。钴是胰岛细胞合成胰岛素所必需的微量元素，所以，常吃南瓜有助于防治糖尿病。果胶则可延缓肠道对糖和脂质的吸收。

南瓜炒百合

材料 南瓜150克，青椒15克，百合10克

调料 盐2克，白糖1克，食用油适量

食材处理

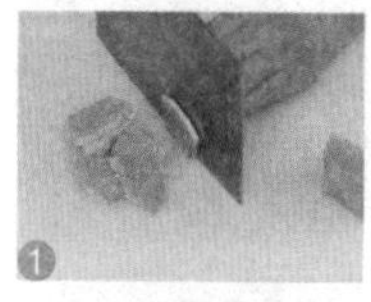
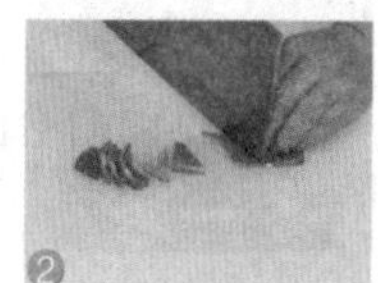

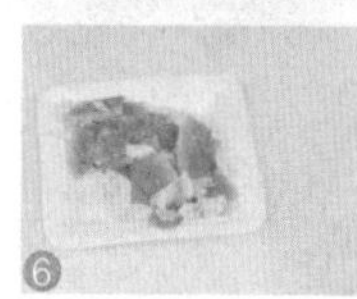

1. 把去皮洗净的南瓜切成片。
2. 洗净的青椒切成小块。
3. 锅中注水，烧开，倒入南瓜，大火煮1分钟。
4. 加入百合，搅拌均匀，再煮约半分钟至熟透。
5. 捞出煮好的百合和南瓜，沥干水分。
6. 将焯熟的南瓜和百合装入盘中备用。

制作指导 南瓜入锅焯水的时间不宜太长，否则南瓜过熟，炒出的菜肴不美观。

做法演示

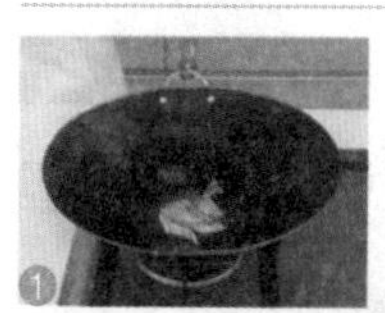

1. 炒锅注油烧热，倒入青椒翻炒片刻。
2. 再倒入南瓜、百合炒匀。
3. 加入盐、白糖。
4. 翻炒约1分钟至入味。
5. 盛入盘中即可。

营养分析

百合含有蛋白质、脂肪、淀粉、钙、磷、铁及秋水仙碱等多种生物碱和营养物质，有润肺、清心、调中、滋补之效，特别是对病后体弱、神经衰弱者大有裨益。支气管不好的人食用百合，有助病情改善。

百合扣金瓜

制作时间 25分钟

材料 鲜百合180克，南瓜350克

调料 盐、鸡粉、水淀粉各适量

营养分析

南瓜含有淀粉、蛋白质、胡萝卜素、维生素和钙、磷等成分。其营养丰富，所含的钴能促进人体的新陈代谢，增强造血功能，并参与人体内维生素B_{12}的合成，是人体胰岛细胞所必需的微量元素，对防治糖尿病、降低血糖有特殊的疗效。

制作指导 烹饪此菜时，先将百合放入加糖的热水中焯烫片刻，百合的味道会更佳。

做法演示

1. 南瓜去皮洗净，掏去瓤、籽切块；百合洗净备用。
2. 锅注油烧至三成热，倒入南瓜滑油片刻捞出。
3. 锅留底油加水倒入南瓜翻炒，加盐、鸡粉；再倒入百合翻炒均匀。
4. 将南瓜盛入碗内，放入百合，浇入原汤汁。
5. 转到蒸锅；中火蒸15～20分钟。
6. 南瓜、百合蒸至熟烂取出，倒出原汤汁。
7. 倒扣在盘内。
8. 另起锅，倒入原汁，加水淀粉调成稠汁。
9. 将稠汁均匀地浇在南瓜、百合上即成。

蜜汁南瓜

制作时间 8分钟

材料 南瓜500克，鲜百合40克，冰糖30克，枸杞3克

食材处理

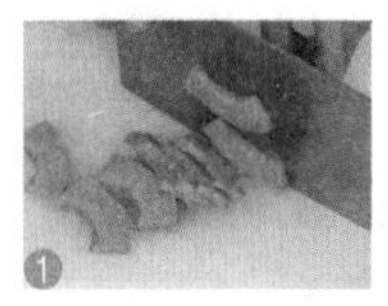
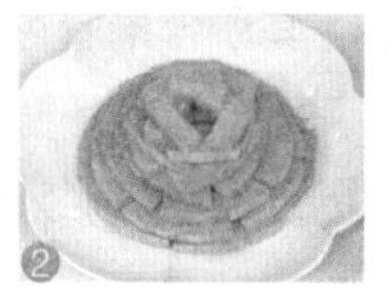
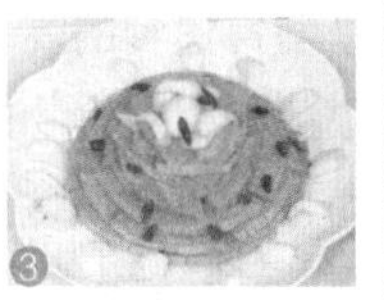

1. 将去皮洗净的南瓜切片。
2. 把南瓜片装入盘中，堆成塔形。
3. 洗净的百合片围边，再放入干净的枸杞点缀。

制作指导 熬冰糖时，水和糖的比例要合适，一般1∶1即可，熬制时间也不宜长。小火长时间加热容易出丝，能化开糖即可。

做法演示

1. 将摆好盘的南瓜移到蒸锅中。
2. 蒸约7分钟。
3. 取出已经蒸好的南瓜。
4. 锅中加少许清水，倒入冰糖，拌匀。
5. 用小火煮至冰糖融化。
6. 将冰糖汁浇在南瓜上即可。

营养分析

南瓜中含有丰富的锌，能参与人体内核酸、蛋白质的合成，是肾上腺皮质激素固有成分，也是人体生长发育的重要物质。南瓜中还含有多种矿质元素，如钙、钾、磷、镁等，还能预防骨质疏松和高血压，特别适合中老年人，尤其是高血压患者食用。

吉利南瓜球

制作时间 2分钟

材料 熟南瓜500克，面包糠100克

调料 盐3克，鸡粉2克，生粉适量

食材处理

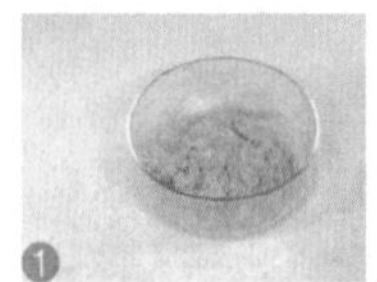
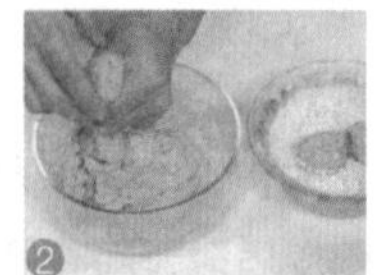

1. 熟南瓜加盐、鸡粉、生粉拌匀制成南瓜糊。
2. 将南瓜糊捏成球状。
3. 将南瓜球均匀裹上面包糠，放入盘中。

做法演示

1. 锅中注油，烧至四成热，放入南瓜球。
2. 小火炸大约2分钟至熟。
3. 捞出装盘即可。

营养分析

南瓜含有丰富的维生素和钙、磷等营养成分，是健胃消食的高手，其所含果胶可以保护胃肠道黏膜免受粗糙食物的刺激，适合患有胃病的人食用。而且，南瓜所含成分还能促进胆汁分泌，加强胃肠蠕动，帮助食物消化。

制作指导 制作南瓜糊时，可将生南瓜放在锅里加多点水煮，基本烂熟的时候用锅铲或者勺子压碎捣成糊状，然后一边开小火一边往锅里匀速而均匀地洒面粉，同时用筷子不停地搅拌，防止面粉结块，待差不多浓稠的时候，再用大火煮开，这样做出来的南瓜糊又香又糯。

南瓜炒蟹柳

制作时间 3分钟

材料 南瓜片100克，蟹柳80克，莴笋片30克，口蘑片15克，生姜片、葱段、大蒜片各少许

调料 盐2克，味精、料酒、水淀粉各少许

食材处理

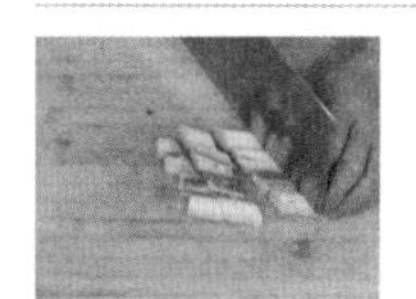

将蟹柳切段。

制作指导 南瓜连皮一起烹饪，营养更全面。用新鲜螺肉代替速冻蟹柳，味道也很鲜美。

做法演示

1. 锅烧热，注入适量食用油烧至四成热。
2. 将南瓜、口蘑、莴笋片倒入热油锅中，滑油片刻后捞出控油。
3. 锅底留少许油，放入生姜、大蒜煸香。
4. 倒入南瓜、莴笋和口蘑炒匀。
5. 将蟹柳倒入锅中，翻炒均匀；加入少许料酒。
6. 加少许清水略煮片刻；调入盐、味精。
7. 用少许水淀粉勾芡。
8. 撒入葱段炒匀。
9. 出锅装盘即可。

西芹炒百合

制作时间 2分钟

材料 西芹100克，胡萝卜50克，百合20克，姜片、葱白各少许

调料 盐2克，鸡粉1克，食用油适量

食材处理

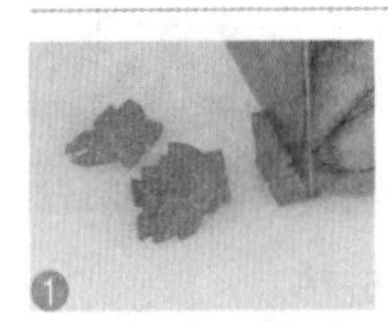

1. 把洗好的胡萝卜切成片。
2. 洗净的西芹切成段。
3. 清水锅烧开之后倒入西芹焯煮片刻。
4. 倒入胡萝卜和百合拌匀。
5. 捞出后装入干净的碗中。

做法演示

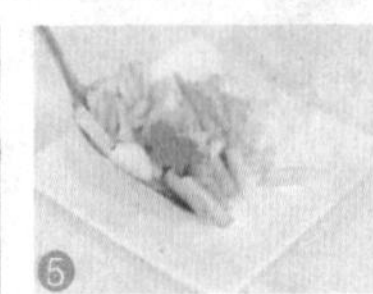

1. 炒锅热油，倒入西芹、胡萝卜、百合，翻炒片刻。
2. 加入盐、鸡粉，拌炒大约1分钟至入味。
3. 倒入姜片、葱白炒香。
4. 再淋入少许清水，快速拌炒匀。
5. 起锅盛入盘中。
6. 装好盘之后即可食用。

营养分析

西芹既可热炒，又能凉拌，深受人们喜爱，营养价值也相当高。其含有的铁、锌等微量元素，有平肝降压、安神镇静、抗癌防癌、利尿消肿、提高食欲的作用。多吃芹菜还可以增强人体的抗病能力。

西芹百合炒腰果

制作时间 2分钟

材料 西芹80克，鲜百合100克，胡萝卜少许，腰果90克

调料 盐、鸡粉、白糖、水淀粉各适量

食材处理

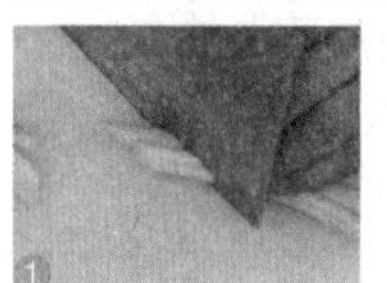

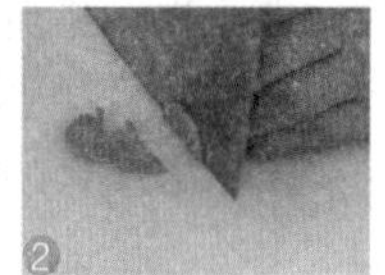

1. 西芹洗净切段。
2. 胡萝卜去皮洗净，切片。

制作指导 炸腰果时，一定要用小火，一边炸一边翻动以免炸糊。

做法演示

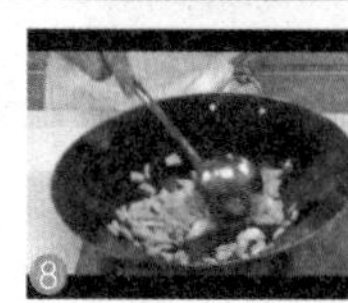

1. 热锅注油，烧至五成热，倒入腰果。
2. 炸至变色捞出。
3. 锅留底油，倒入适量清水，加少许盐烧开；倒入西芹。
4. 再放入鲜百合、胡萝卜，焯煮片刻捞出。
5. 热锅注油；倒入焯熟的材料翻炒约1分钟至熟透。
6. 加盐、鸡粉、白糖调味。
7. 用水淀粉勾芡；倒入腰果。
8. 拌炒均匀。
9. 出锅装盘即可。

香煎茄片

制作时间 7分钟

材料 面粉150克，茄子100克

调料 盐、味精、食用油各适量

食材处理

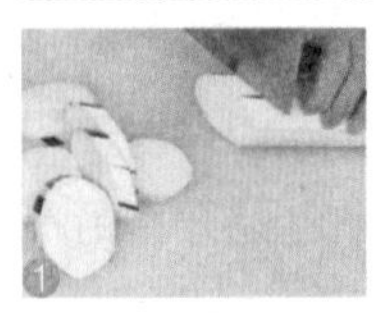

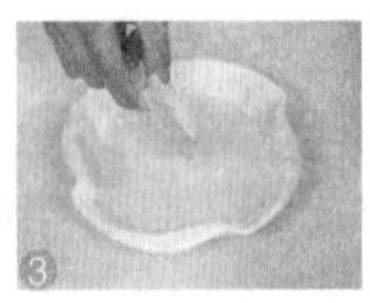

1. 茄子去皮洗净切片；茄片放水中加盐拌匀泡5分钟。
2. 面粉加入盐、味精和适量清水调成面糊。
3. 将茄片裹上调好的面糊。

制作指导 自制的面糊不宜太稀，否则茄片挂不上面糊，炸制时就会吃油多，食之太油腻。

做法演示

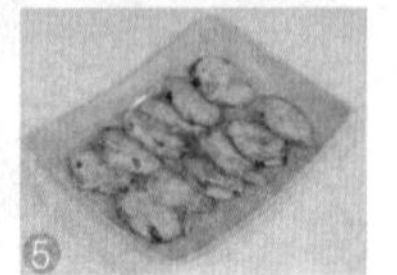

1. 锅置旺火，注油烧热，放入茄片用慢火煎制。
2. 加入适量食用油，煎至金黄色时将茄片翻面。
3. 继续将茄片的另一面也煎至金黄。
4. 倒入适量食用油，改小火，将茄片煎至熟透。
5. 盛入盘内即可。

营养分析

茄子营养丰富，含有蛋白质、脂肪、碳水化合物、维生素以及钙、磷、铁等多种营养成分。其所含的维生素E有防止出血和抗衰老功能，因此，常吃茄子可使血液中胆固醇水平不致增高，对延缓人体衰老具有积极的意义。此外，茄子还有清热解暑的作用，夏季容易长痱子、生疮的人应多食用。

荷塘小炒

制作时间 3分钟

材料 胡萝卜100克，莲藕80克，水发莲子60克，芹菜50克，水发木耳50克，姜片、蒜末、葱白各少许

调料 盐3克，味精3克，白糖3克，蚝油3克，料酒3克，老抽2克，水淀粉适量

食材处理

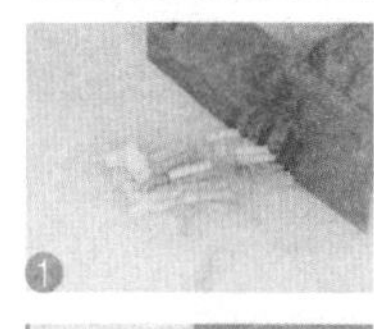

1. 把去皮洗净的莲藕切成片；将洗净的芹菜切段。
2. 已去皮的胡萝卜切段，再切成片；洗净的木耳切成小块。
3. 锅中加清水烧开，加盐。
4. 等盐全部溶解，水开，倒入切好的胡萝卜。
5. 加入洗净切好的莲藕；再加入木耳拌匀。
6. 煮约1分钟至熟捞出。

做法演示

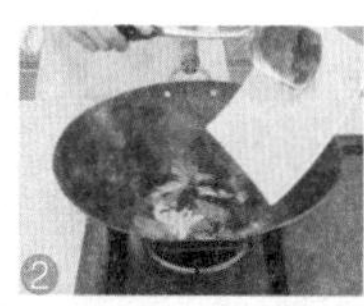

1. 用油起锅，倒入姜片、蒜末、葱白爆香。
2. 倒入焯水后的胡萝卜、莲藕、木耳，加料酒翻炒匀。
3. 加盐、味精、白糖、蚝油调味。
4. 倒入莲子、芹菜炒匀。
5. 加入少许老抽炒匀。
6. 加水淀粉勾芡。
7. 加少许热油炒匀。
8. 盛出装盘即可。

乳香藕片

制作时间 2分钟

材料 莲藕200克，蒜末、葱花、南腐乳各少许

调料 盐、白糖、味精、白醋、水淀粉各适量

食材处理

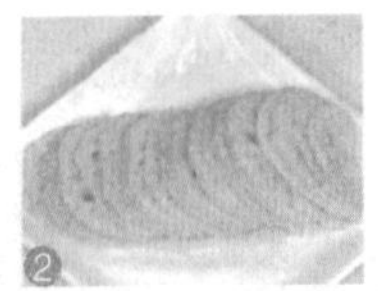

1. 莲藕去皮洗净，切片。
2. 装入盘中备用。
3. 锅中倒入适量清水。
4. 加入少许白醋烧开。
5. 倒入切好的藕片用大火焯煮约1分钟至熟。
6. 捞出焯好的藕片，沥干水分。

制作指导 因腐乳本身咸味较重，因此烹饪时，不宜放太多盐。

做法演示

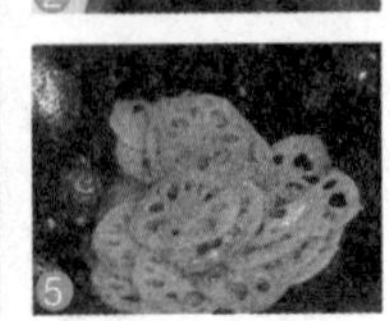

1. 用油起锅，倒入蒜末。
2. 再倒入南乳，炒香。
3. 倒入藕片。
4. 翻炒匀后加入盐、白糖、味精、水淀粉。
5. 快速拌炒匀。
6. 盛出藕片，撒上葱花即成。

营养分析

莲藕具有很高的营养价值和药用价值，其富含淀粉、蛋白质、脂肪、碳水化合物、维生素C、粗纤维、钙、磷、铁营养成分。食用后能健脾开胃、益血补心，还有消食、止渴、生津的功效。

清炒苦瓜

制作时间 2分钟

材料 苦瓜150克

调料 盐3克，味精3克，白糖、水淀粉、食粉各适量

食材处理

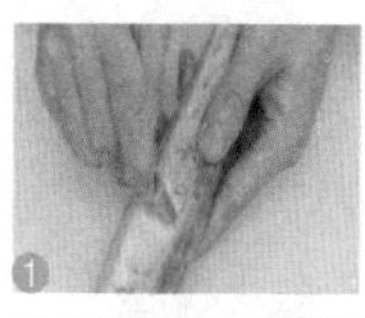
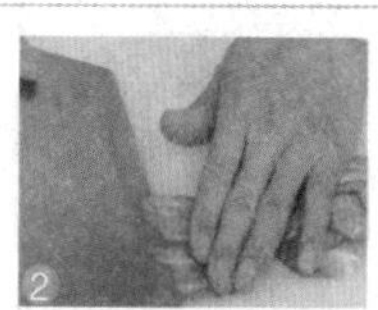

1. 苦瓜洗净去籽。
2. 切成大小适中的苦瓜片。
3. 锅中加清水，加入少许食粉拌匀烧开。
4. 倒入切好的苦瓜片。
5. 焯煮大约1分钟至熟。
6. 捞出煮好的苦瓜备用。

制作指导 烹饪前将苦瓜片放入盐水中浸泡片刻，可以减轻苦瓜的苦味。

做法演示

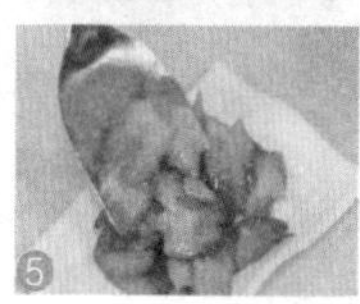

1. 用油起锅，倒入苦瓜炒匀。
2. 加盐、味精、白糖调味。
3. 倒入适量水淀粉勾芡。
4. 将苦瓜翻炒匀。
5. 盛出装盘即可。

营养分析

苦瓜性寒味苦，有降邪热、解疲乏、清心明目、益气壮阳之功效。苦瓜中含有类似胰岛素的物质，有明显的降血糖作用。

菠萝炒苦瓜

制作时间 3分钟

材料 苦瓜300克，菠萝肉150克，红椒片、蒜末各少许

调料 盐3克，味精1克，食粉、白糖、蚝油、水淀粉、食用油各适量

食材处理

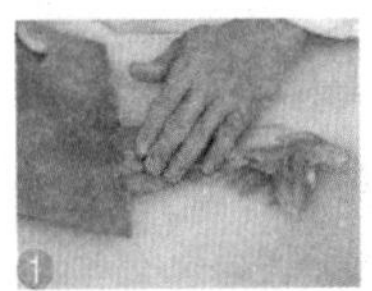

1. 苦瓜洗净去除瓤籽，切成片；将菠萝肉切片。
2. 锅中加清水烧开，加食粉拌匀，倒入苦瓜。
3. 煮沸，捞出苦瓜，沥干水分。

做法演示

1. 锅置旺火，注油烧热，倒入红椒、蒜末爆香。
2. 倒入苦瓜、菠萝炒大约1分钟至熟透。
3. 加入盐、味精、白糖、蚝油调味。
4. 加入少许水淀粉勾芡。
5. 淋入少许熟油拌匀。
6. 盛入盘内即可。

营养分析

苦瓜含丰富的维生素及矿物质，长期食用，能解疲乏、清热祛暑、明目解毒、益气壮阳、降压降糖。

制作指导 鲜菠萝先用盐水泡上一段时间再烹饪，不仅可以减少菠萝酶对我们口腔黏膜和嘴唇的刺激，还能使菠萝更加香甜。

椒盐玉米

制作时间 3分钟

材料 鲜玉米粒400克，红椒、葱、蒜末、味椒盐各少许

调料 盐3克，味精3克，生粉、食用油、芝麻油各适量

食材处理

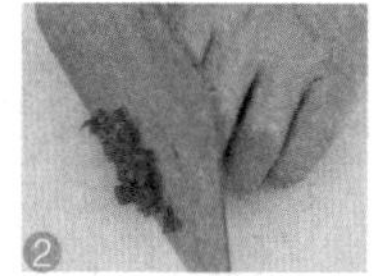

1. 将洗净的红椒切开，切丝，再切成粒。
2. 洗净的葱切成葱花。

制作指导 炸玉米时，油温不能太高，否则炸得太老，会影响玉米的鲜甜度。

做法演示

1. 锅中加约1000毫升清水烧开，加盐拌匀。
2. 倒入玉米粒，拌匀，煮约1分钟至熟。
3. 将煮好的玉米粒捞出。
4. 将玉米粒盛入盘中；撒上生粉拌匀。
5. 热锅注油，烧五成热，倒入玉米粒，炸片刻；炸至米黄色后捞出。
6. 锅底留油，倒入蒜末、红椒粒炒香。
7. 倒入玉米粒，加入味椒盐；再加入葱花、味精炒匀。
8. 加少许芝麻油；快速拌炒匀。
9. 盛出装盘即可。

茄汁年糕

制作时间 6分钟

材料 年糕200克，西红柿150克，番茄汁50克，红椒片、青椒片、葱花、蒜末各少许

调料 白糖4克，水淀粉适量

食材处理

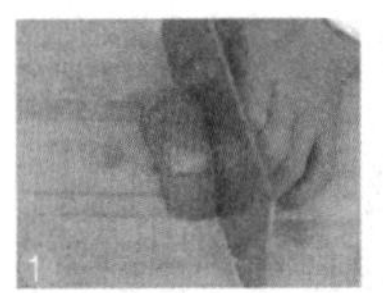
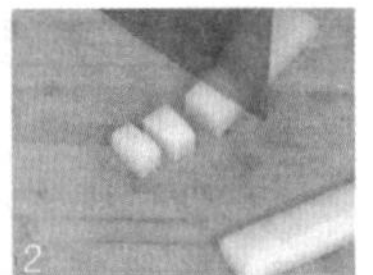

1. 将洗好的西红柿切块。
2. 洗好的年糕切小块。

制作指导 年糕的味道较为清淡，加入番茄汁或其他配料炒制，口味会变得更加香甜可口。

做法演示

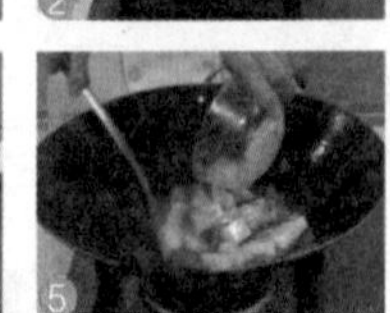

1. 锅注水烧开，倒入年糕煮约4分钟至熟软。
2. 捞出煮好的年糕，沥干装盘。
3. 起油锅，倒入蒜末、葱花、青红椒片炒香。
4. 放入西红柿块，拌炒匀；倒入番茄汁。
5. 加入白糖；倒入年糕炒匀。加入少许水淀粉勾芡。
6. 再淋入少许食用油。
7. 快速拌炒匀；熟透后起锅，盛入盘中。
8. 撒上葱花即成。

小白菜炒平菇

制作时间 15分钟

材料 平菇150克，小白菜100克，蒜片、葱段、红椒丝各少许

调料 盐3克，水淀粉10毫升，味精、白糖、食用油各适量

营养分析

平菇含有菌糖、甘露醇糖等营养成分，可以促进人体新陈代谢，增强体质，对肝炎、慢性胃炎、十二指肠溃疡、高血压等都有一定食疗功效，还有追风散寒、舒筋活络的作用，可辅助治疗腰腿疼痛、手足麻木、经络不适等症。

制作指导 平菇不可炒制太久，否则炒出太多水，会影响成品外观和口感。

做法演示

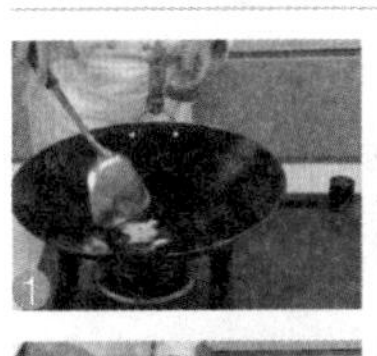

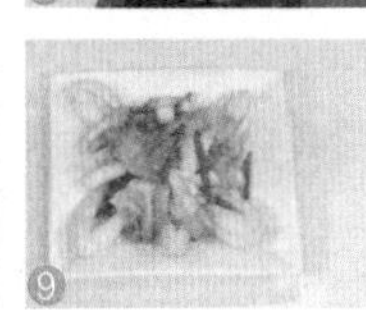

1. 热锅注油，倒入蒜片爆香。
2. 倒入洗净的小白菜。
3. 再倒入平菇翻炒匀。
4. 加入适量盐、味精、白糖，拌炒匀调味。
5. 用少许水淀粉勾芡。
6. 淋入少许熟油炒匀。
7. 放入红椒丝、葱段。
8. 拌炒至熟透。
9. 盛出装入盘中即可。

菌菇油麦菜

制作时间 2分钟

材料 油麦菜250克，平菇100克，蒜末、红椒丝各少许

调料 盐3克，水淀粉10毫升，鸡粉、料酒、食用油各适量

食材处理

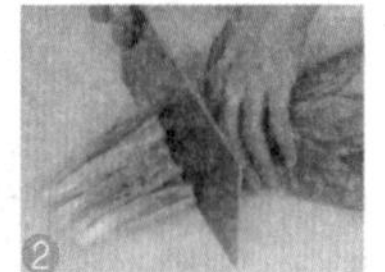

1. 洗净的平菇撕成瓣，装入盘中备用。
2. 洗净的油麦菜对半切开。

制作指导 油麦菜入锅炒制的时间不能过长，断生即可，否则会影响成菜的口感。

做法演示

1. 锅中注入适量食用油，烧热后倒入平菇略炒。
2. 倒入蒜末、红椒丝炒匀。
3. 放入油麦菜梗，翻炒片刻。
4. 再放入油麦菜叶翻炒至熟。
5. 加入盐、鸡粉、料酒。
6. 炒匀调味。
7. 加入少许水淀粉勾芡。
8. 继续翻炒片刻至熟透。
9. 起锅，盛入盘中即成。

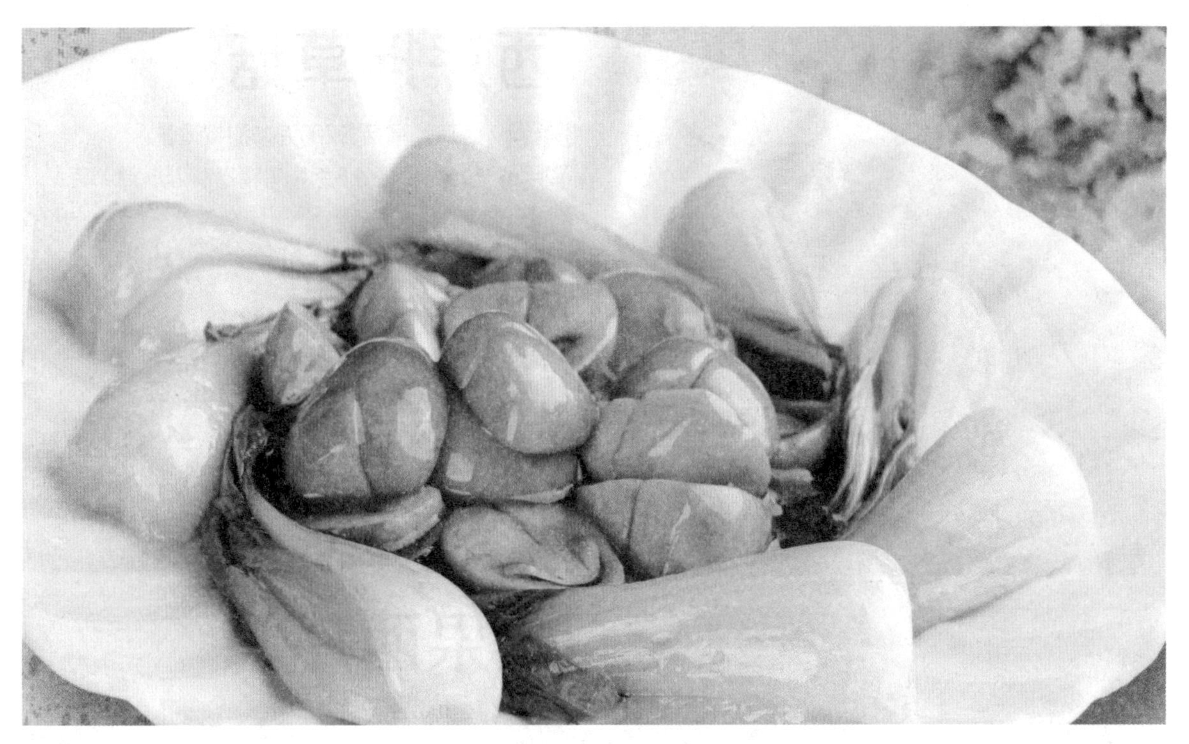

鲍汁草菇

制作时间 6分钟

材料 草菇100克，上海青150克，鲍汁30毫升，姜片20克，葱段15克

调料 盐、鸡粉、白糖、老抽、料酒、水淀粉、食用油各适量

食材处理

1. 洗净的上海青去除老叶，留菜梗备用。
2. 洗净的草菇对半切开。
3. 锅加水，倒入油、盐，煮至沸后倒入上海青。
4. 焯熟后捞出，摆入盘中备用。
5. 再倒入草菇焯至熟。
6. 捞出后沥干水分备用。

制作指导 将上海青的根部切开，可以使其更容易入味。

做法演示

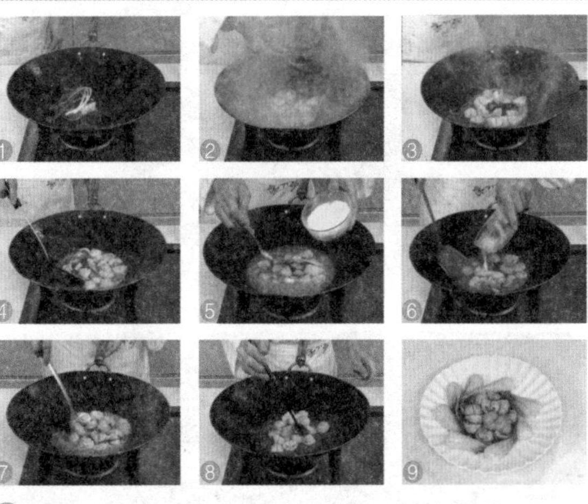

1. 炒锅注适量油烧热，倒入葱段、姜片爆香。
2. 倒入焯过的草菇，淋入少许料酒提鲜。
3. 倒入鲍汁。
4. 倒入少许清水拌匀，煮约1分钟至入味。
5. 加盐、鸡粉、白糖调味。
6. 再淋入老抽炒匀，之后用水淀粉勾芡。
7. 淋入熟油炒匀。
8. 用筷子挑去葱段、姜片。
9. 盛盘即食。

西芹拌草菇

材料 西芹、草菇各200克，甜椒适量

调料 盐4克，酱油8克，鸡精2克，胡椒粉3克

做法

1. 西芹洗净，斜切段。
2. 甜椒洗净，切丝。
3. 草菇洗净，剖开备用。
4. 西芹、甜椒在开水中稍烫，捞出，沥干水分；草菇煮熟，捞出，沥干水分。
5. 西芹、甜椒、草菇放入一个容器，加盐、酱油、鸡精、胡椒粉搅拌均匀，装盘即可。

腰果西芹

材料 腰果50克，西芹150克，胡萝卜50克

调料 精盐、味精、淀粉各适量

做法

1. 西芹去叶，留梗洗净，切成菱形，胡萝卜也切菱形。
2. 腰果下油锅炸香，捞出沥干油待用；西芹、胡萝卜下开水锅中稍焯。
3. 锅置旺火上，下西芹、胡萝卜合炒，调味后勾芡。
4. 起锅装盘，撒上腰果即可。

甜椒拌金针菇

材料 金针菇500克，甜椒50克

调料 盐4克，味精2克，香菜、酱油、麻油各适量

做法

1. 金针菇洗净，去须根。
2. 甜椒洗净，切丝备用。
3. 将备好的原材料放入开水烫熟，捞出，沥干水分，放入容器中。
4. 往容器里加盐、味精、酱油、麻油搅拌均匀，装盘，撒上香菜即可。

素炒杂菌

制作时间 2分钟

材料 金针菇100克，白玉菇80克，香菇、鸡腿菇片各60克，蒜苗20克，草菇片少许

调料 盐、味精、白糖、料酒、鸡粉、水淀粉、食用油各适量

食材处理

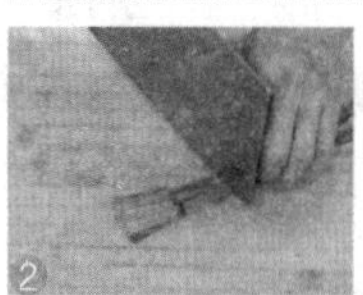

1. 将洗净的金针菇、白玉菇均切去根部。
2. 再将洗好的香菇切去蒂，改切成片；洗净的蒜苗切段。
3. 锅中注水，加盐、鸡粉、食用油煮沸。
4. 倒入洗净的鸡腿菇、草菇煮片刻。
5. 倒入香菇煮沸；再倒入白玉菇焯煮片刻。
6. 捞出焯好的草菇、鸡腿菇片、香菇和白玉菇。

制作指导 炒制此菜时，不宜加太多的盐和味精，否则就失去了菌类本身的鲜味。

做法演示

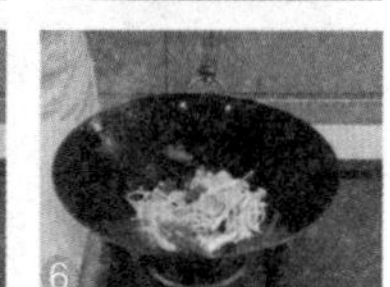

1. 另起锅，注油烧热，放入蒜苗梗煸香。
2. 倒入草菇、鸡腿菇、香菇和白玉菇，炒匀。
3. 淋入少许料酒拌匀。
4. 加盐、味精、白糖和鸡粉。
5. 再倒入金针菇，翻炒片刻至熟。
6. 倒入蒜苗叶。
7. 再加入少许水淀粉勾芡。
8. 淋入少许熟油拌匀。
9. 盛入盘中即成。

蚝汁扒群菇

材料 平菇、口蘑、滑子菇、金针菇各100克，蚝油15克，青椒、红椒各适量

调料 盐3克，味精1克，生抽8克，料酒10克

做法

1. 平菇、口蘑、滑子菇、金针菇均洗净，焯烫，捞起晾干备用；青椒、红椒洗净，切片。
2. 油锅烧热，下料酒，将平菇、口蘑、滑子菇、金针菇炒至快熟时，加入盐、生抽、蚝油翻炒入味。
3. 汤汁快干时，加入青、红椒片稍炒后，加入味精调味即可。

干焖香菇

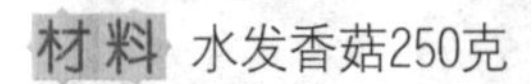

材料 水发香菇250克

调料 味精、糖各10克，香油20克，精盐、料酒、酱油、葱末、姜末、高汤各适量

做法

1. 水发香菇洗净，用沸水焯一下，沥干水分。
2. 锅置火上，用葱、姜炝锅，加入酱油、糖、料酒、精盐、味精、高汤和香菇，等汤汁收浓后淋香油起锅即可。

蚝油鸡腿菇

材料 鸡腿菇400克，蚝油20克，青、红椒各适量

调料 盐3克，老抽10克

做法

1. 鸡腿菇洗净，用水焯过后，晾干待用；青椒、红椒洗净，切成菱形片。
2. 炒锅置于火上，注油烧热，放入焯过的鸡腿菇翻炒，再放入盐、老抽、蚝油。
3. 炒至汤汁收浓时，再放入青、红椒片稍炒，起锅装盘即可。

鲍汁扣三菇

材料 鲍汁、鸡腿菇、滑子菇、香菇、西兰花各适量

调料 盐、味精、蚝油、水淀粉、香油各适量

做法

1. 鸡腿菇、滑子菇、香菇洗净，切块；西蓝花洗净，切朵。
2. 鸡腿菇、滑子菇、香菇汆熟，调入鲍汁、盐、蚝油，蒸 40 分钟。
3. 油锅烧热，下入蒸汁烧开，用水淀粉勾芡，淋入香油，浇在三菇上，旁边摆上焯烫过的西蓝花即成。

煎酿鸡腿菇

材料 鸡腿菇、菜心各200克

调料 蒜、姜、糖、蚝油、蘑菇汁各适量

做法

1. 鸡腿菇洗净掰成两半。
2. 菜心洗净，焯水摆盘。
3. 大蒜洗净切大块；姜洗净切末。
4. 起油锅，放入蒜末、姜末爆香，放入蘑菇汁、糖、蚝油熬汁。
5. 鸡腿菇下油锅煎熟，盖在菜心上，淋上味汁即可。

青蒜烧豆腐

材料 豆腐250克，青蒜50克

调料 红油、盐、鸡精、酱油、红辣椒、淀粉各适量

做法

1. 把豆腐洗净，切成丁；青蒜、红辣椒洗净，切碎；淀粉加水调成糊待用。
2. 油锅烧热，放入豆腐块翻炒 2 分钟。
3. 加入红油、盐、鸡精、酱油，翻炒 1 分钟，然后淋入淀粉糊，再煮 2 分钟，撒入青蒜和红辣椒，装盘即可。

果酱捞苦瓜

材料 苦瓜250克，草莓少许

调料 果酱、白糖各适量

做法

1. 苦瓜洗净，切成薄片；草莓洗净，切片，沥干水分后摆盘。
2. 锅置火上，倒入适量水，烧沸，放入处理好的苦瓜，焯一会儿。
3. 将焯好的苦瓜捞出，沥干水分，装入盘中。
4. 将果酱、白糖搅拌均匀。
5. 淋在苦瓜上即可。

三鲜莲蓬豆腐

制作时间 6分钟

材料 豆腐500克，青豆50克，橙汁50克，香菜叶少许

调料 盐3克，白醋、白糖、水淀粉各适量

食材处理

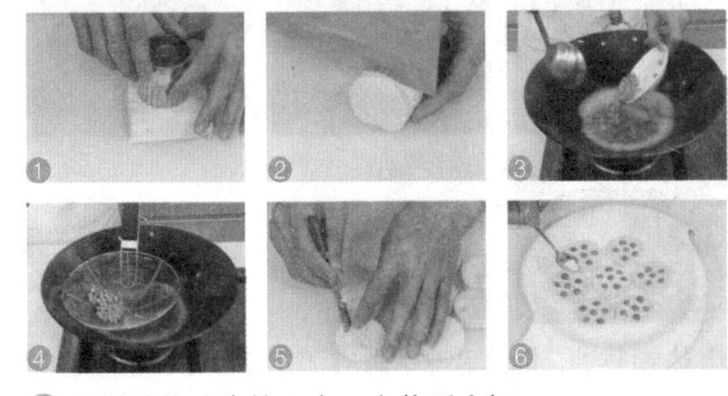

1. 用模具将洗净的豆腐压出花形生坯。
2. 把豆腐生坯切成1厘米的厚片。
3. 锅中加清水烧开，加油、盐拌匀；倒入洗净的青豆，煮约1分钟。
4. 捞出煮熟的青豆。
5. 用工具在豆腐生坯上压出数个小孔。
6. 把青豆放入生坯孔内；撒上少许盐。

做法演示

1. 放入已烧开水的锅中。
2. 加盖，蒸约2分钟至熟。
3. 取出蒸熟的豆腐。
4. 起油锅，倒入少许白醋，加白糖。
5. 再倒入橙汁拌匀。
6. 加水淀粉勾芡，注入熟油拌匀。
7. 将汁浇在豆腐块上。
8. 点缀上香菜叶即可。

翡翠豆腐

制作时间 3分钟

材料 豆腐200克，莴笋100克，彩椒丁、青椒丁、红椒丁、蒜末各少许

调料 盐3克，鸡粉2克，蚝油、老抽、芝麻油、水淀粉、食用油各适量

食材处理

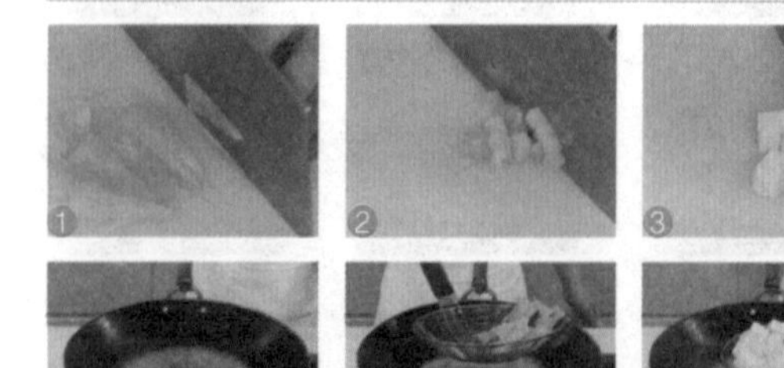

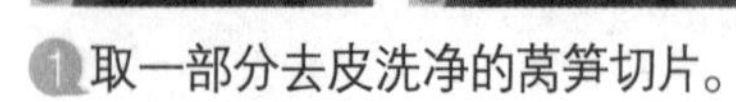

1 取一部分去皮洗净的莴笋切片。

2 剩余的莴笋切成丁。

3 洗净的豆腐切成块。

4 锅中注入适量清水，加盐、食用油烧开；倒入莴笋片，焯煮约1分钟至熟。

5 将煮好的莴笋捞出摆盘。

6 再将豆腐倒入锅中，焯煮约2分钟至熟；将煮好的豆腐捞出备用。

做法演示

1 热锅热油，倒入蒜末、彩椒丁、青椒丁、红椒丁、莴笋丁。

2 加入焯水的豆腐块炒匀。

3 注入适量清水烧开。

4 再放入盐、鸡粉。

5 倒入蚝油、老抽，充分拌匀后大火煮沸。

6 加入少许水淀粉拌匀。

7 淋入芝麻油，拌匀收汁。

8 关火，盛入碗中即成。

菠萝咕咾豆腐

制作时间 4分钟

材料 北豆腐300克，菠萝肉100克，番茄汁30毫升，青、红椒片各15克，蒜末、葱段各少许

调料 白糖10克，盐2克，水淀粉、食用油各适量

食材处理

1. 将菠萝肉切块。
2. 再把洗好的豆腐切成方块。
3. 豆腐块均匀裹上面粉。
4. 锅置旺火，注适量油烧热，倒入豆腐。
5. 炸2～3分钟至金黄色，捞出。

制作指导 烹饪此菜肴，若选用鲜菠萝，应先用盐水泡上一段时间再烹饪，这样不仅可以减少菠萝酶对口腔黏膜和嘴唇的刺激，还能使菠萝更加香甜。

做法演示

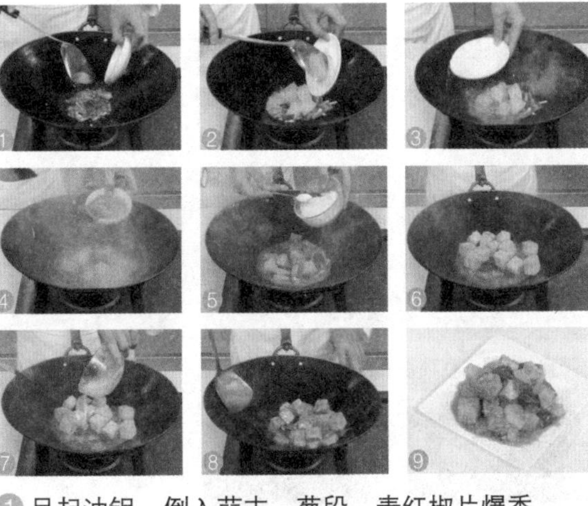

1. 另起油锅，倒入蒜末、葱段、青红椒片爆香。
2. 锅中倒入菠萝。
3. 注入少许清水。
4. 倒入少许番茄汁炒匀。
5. 加入白糖和少许盐拌匀煮沸。
6. 倒入炸好备用的豆腐。
7. 再加入适量水淀粉炒匀。
8. 淋入熟油炒匀。
9. 盛入盘内即可。

金针菇日本豆腐

制作时间 3分钟

材料 日本豆腐200克，金针菇100克，姜片、蒜末、胡萝卜片、葱白各少许

调料 生粉10克，盐3克，料酒3毫升，鸡精2克，味精1克，蚝油、水淀粉、白糖、老抽、食用油各适量

食材处理

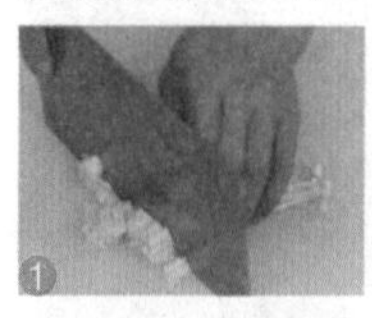
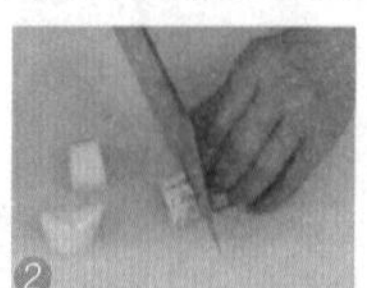

1. 洗净的金针菇切去根部。
2. 日本豆腐切棋子段，去掉外包装。
3. 把切好的日本豆腐装入盘中，撒上生粉。
4. 热锅注油，至六成热，放入豆腐，用锅铲轻轻地翻动。
5. 炸约1分钟，至表皮金黄后捞出备用。

制作指导 金针菇入锅后不可炒得太久，否则炒太熟，影响成品美观。

做法演示

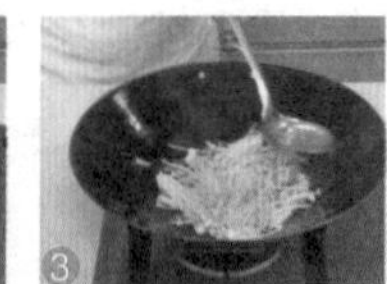

1. 锅底留油，倒入姜、蒜、胡萝卜片、葱白，爆香。
2. 倒入金针菇炒匀。
3. 加入少许料酒炒香，加入少许清水煮沸。
4. 加入蚝油、盐、味精、白糖、鸡精、老抽，炒匀调味。
5. 倒入日本豆腐。
6. 拌炒均匀。
7. 加水淀粉勾芡。
8. 撒入葱叶炒匀。
9. 盛出装盘即可。

爽口茄夹

材料 茄子100克，大白菜15克，红椒少许

调料 盐、醋各适量

做法

1. 茄子洗净，切片；大白菜洗净，撕片；红椒洗净，切丝。
2. 将茄子入开水中焯透，捞出，沥干水分，装碗内。
3. 加盐、醋拌匀，将其与大白菜叠放入盘，撒上红椒即可。

花刀茄子

材料 茄子150克，红椒50克

调料 盐3克，麻油适量

做法

1. 茄子洗净，切段后，用刀打上鱼鳞花纹；红椒洗净，切斜段。
2. 下茄子入水焯透，捞出，沥干水分。
3. 加盐、麻油拌匀，撒上红椒即可。

山药银杏炒百合

材料 山药、银杏、百合各150克，豌豆、圣女果各适量

调料 盐、味精各适量

做法

1. 银杏、百合、圣女果分别洗净。
2. 豌豆去壳，洗净。
3. 山药洗净，切片。
4. 热锅下油，放入山药、银杏、百合、豌豆翻炒，快熟时放入圣女果。
5. 加入盐和味精调味，出锅即可。

松子炒西葫芦

材料 西葫芦250克，松子100克，胡萝卜适量

调料 盐、味精各适量

做法

1. 西葫芦洗净，切块。
2. 松子洗净。
3. 胡萝卜洗净，切片。
4. 油锅烧热，放入西葫芦块翻炒，加入松子、胡萝卜炒匀。
5. 加入盐炒熟，入味精调味，炒熟出锅即可。

饭伍茄子

材料 茄子200克

调料 盐、酱油、醋、蒜蓉、葱花各适量

做法

1. 茄子洗净，切成长短相当的条状。
2. 将茄子放入热水，焯一会儿捞出，入盘。
3. 加盐、酱油、醋拌匀，撒上蒜蓉、葱花即可。

蚝油茄丁

材料 茄子300克，红椒适量

调料 盐、味精各2克，蚝油50克

做法

1. 茄子洗净，切块。
2. 红椒洗净，切圈。
3. 油烧热，放入茄子、红椒翻炒。
4. 加入盐、味精、蚝油炒熟，装盘即可。

鲍汁茄子

材料 茄子300克，青椒、红椒各适量

调料 鲍汁100克，盐2克，蚝油4克

做法

1. 茄子洗净，切块。
2. 青椒、红椒洗净，切片。
3. 油烧热，放入茄子、青椒、红椒翻炒。
4. 加入鲍汁，入盐、蚝油炒熟，装盘即可。

生煎黄瓜

材料 黄瓜200克，紫苏、红椒各少许

调料 盐、味精各适量

做法

1. 黄瓜洗净，切片。
2. 紫苏洗净，切碎。
3. 红椒洗净，切圈。
4. 油锅烧热，放入黄瓜、紫苏、红椒翻炒。
5. 放入盐翻炒，加入味精调味，炒熟即可。

蒜片炝黄瓜

材料 黄瓜200克，蒜100克，朝天椒适量

调料 盐、味精各适量

做法

1. 黄瓜洗净，去皮，切片。
2. 蒜洗净，切片。
3. 朝天椒洗净，切段。
4. 油烧热，放入蒜和朝天椒爆香，加入黄瓜炒熟。
5. 加入盐和味精调味即可。

话梅南瓜

材料 南瓜400克，话梅适量

调料 盐、味精各适量

做法

1. 南瓜洗净，去皮，去瓤，切块。
2. 热锅下油，放入南瓜翻炒，加入话梅和清水稍焖。
3. 加入盐、味精炒匀，出锅即可。

蜜汁木瓜

材料 木瓜1个

调料 蜜汁适量

做法

1. 将木瓜洗净，用刀在一边表皮切花，取下切丁，掏出籽。
2. 将切好的木瓜丁放入木瓜内，装盘。
3. 淋入蜜汁，即可食用。

广东丝瓜

材料 丝瓜300克，胡萝卜适量

调料 盐、味精各适量

做法

1. 丝瓜削去老皮，洗净，切长段；胡萝卜洗净，切片。
2. 锅中热油，放入胡萝卜和丝瓜翻炒，加入水稍焖。
3. 待丝瓜熟后，加盐和味精调味即可。

西芹腰果百合

材料 西芹、百合、腰果、红椒、黄瓜、柠檬各适量

调料 盐、味精各适量

做法

1. 西芹洗净，切段。
2. 百合、腰果洗净。
3. 红椒、黄瓜、柠檬洗净，切片。
4. 热锅下油，放入西芹、百合、腰果、红椒翻炒。
5. 加入盐和味精炒熟装盘，用黄瓜和柠檬点缀即可。

锦鳞罗汉斋

材料 香菇、荷兰豆、腐竹、黑木耳各100克，胡萝卜适量

调料 盐、味精各适量

做法

1. 香菇、腐竹、黑木耳洗净，泡发，切片。
2. 荷兰豆洗净，切段。
3. 胡萝卜洗净，切片。
4. 油烧热，放入香菇、荷兰豆、腐竹、黑木耳、白萝卜翻炒。
5. 加入盐炒熟，加入味精调味，出锅即可。

蒜蓉白酒炒鲜杂菌

材料 松茸、金针菇、香菇、水果沙拉、红椒、蒜、圣女果各适量

调料 白酒50克，盐、味精各适量

做法

1. 松茸洗净，切段；金针菇、香菇洗净；红椒洗净，切丝；蒜洗净，切碎。
2. 热锅下油，放入松茸、金针菇、香菇、红椒和蒜翻炒。
3. 加入白酒稍焖，入盐和味精调味，装盘，摆上水果沙拉和圣女果即可。

清香三素

材料 香菇、荷兰豆、白萝卜各100克，红椒适量

调料 盐、味精各适量

做法

1. 香菇洗净，撕成小片。
2. 荷兰豆洗净，切段。
3. 白萝卜洗净，去皮，切丝。
4. 红椒洗净，切片。
5. 油烧热，放入香菇、荷兰豆、白萝卜和红椒翻炒。
6. 加入盐炒熟，加入味精调味，出锅即可。

南瓜槟榔芋

材料 南瓜400克，槟榔芋、圣女果各少许

调料 蜂蜜适量

做法

1. 南瓜洗净，去把，打上花刀，入盘待用。
2. 槟榔芋洗净切段。
3. 圣女果洗净。
4. 将槟榔芋，入蒸锅蒸熟透，放置于容器内加蜂蜜捣碎，做成圆柱形放在南瓜顶上。
5. 将南瓜摆放入盘，撒上圣女果即可。

浓汁冬瓜

材料 冬瓜300克，红椒30克，青豆25克

调料 鸡汤300克，盐、鸡精各少许

做法

1. 将冬瓜去皮，去瓤洗净，切丁。
2. 红椒洗净，切片。
3. 青豆洗净，焯熟。
4. 将炒锅注油烧至七成热，放入冬瓜丁滑炒片刻，再倒入鸡汤烧沸。
5. 最后加盐和鸡精调味，装盘，加入青豆和红椒即可（红椒可先入锅焯水至断生）。

第3章 畜肉类

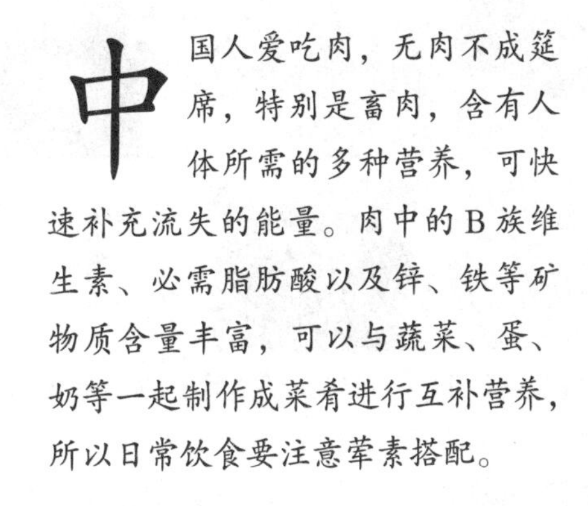

中国人爱吃肉，无肉不成筵席，特别是畜肉，含有人体所需的多种营养，可快速补充流失的能量。肉中的B族维生素、必需脂肪酸以及锌、铁等矿物质含量丰富，可以与蔬菜、蛋、奶等一起制作成菜肴进行互补营养，所以日常饮食要注意荤素搭配。

咕咾肉

制作时间 2分钟

材料 五花肉200克，菠萝肉150克，青椒、红椒各15克，鸡蛋1个，葱白少许

调料 番茄酱20克，白糖12克，白醋10毫升，生粉3克，盐3克，食用油适量

食材处理

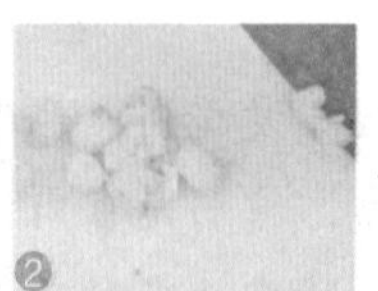

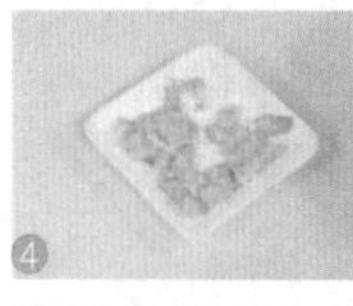

1. 洗净的红椒切开，去籽，切成片；洗净的青椒切开，去籽，切成片。
2. 菠萝肉切成块；洗净的五花肉切成块；鸡蛋去蛋清，取蛋黄，盛入碗中。
3. 锅中加约500毫升清水烧开，倒入五花肉；汆至转色即可捞出。
4. 五花肉加白糖拌匀，加少许盐；倒入蛋黄，搅拌均匀；加生粉裹匀。将拌好的五花肉分块夹出装盘。
5. 热锅注油，烧至六成熟，放入五花肉，翻动几下，炸约2分钟至熟透；将炸好的五花肉捞出。

做法演示

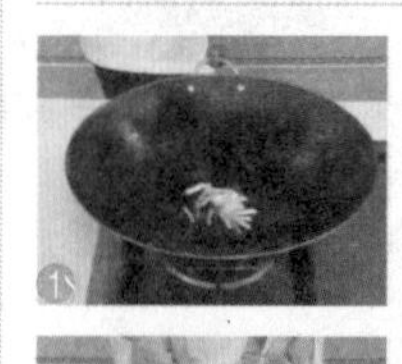

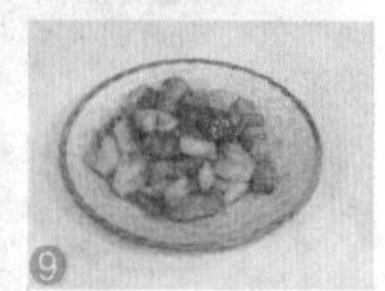

1. 用油起锅，倒入葱白爆香。
2. 倒入切好备用的青椒片、红椒片炒香。
3. 倒入切好的菠萝炒匀。
4. 加入白糖炒至融化。
5. 再加入番茄酱炒匀。
6. 倒入炸好的五花肉炒匀。
7. 加入适量白醋。
8. 拌炒匀至入味。
9. 盛出装盘即可。

黄瓜木耳炒肉卷

制作时间 6分钟

材料 黄瓜150克，肉卷100克，水发木耳50克，红椒丝、姜片、蒜末、葱白各少许

调料 盐、味精、白糖、老抽、水淀粉、蚝油、食用油各适量

食材处理

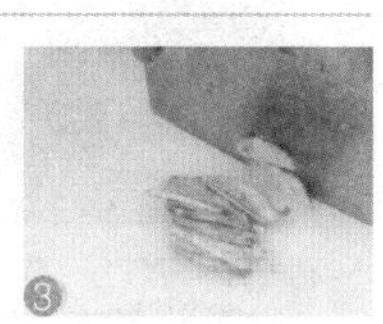

1. 将洗净的木耳切块。
2. 将洗好的黄瓜切片。
3. 肉卷切片。
4. 锅中加清水烧开，加盐、食用油，倒入木耳。
5. 木耳煮沸后捞出沥水。

制作指导 黄瓜不宜炒制过久，以免影响口感。黄瓜的尾部含有较多的苦味素，不要将尾部丢弃。

做法演示

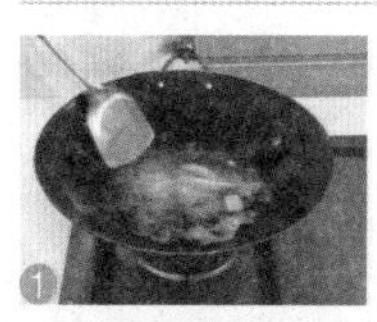

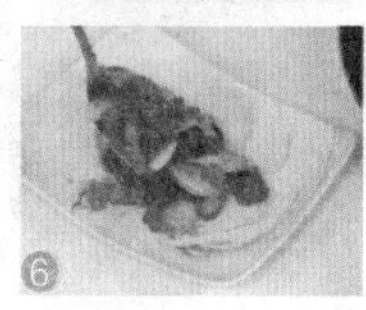

1. 热锅注油，烧至四成热，倒入肉卷。
2. 炸至呈金黄色后捞出。
3. 锅底留油，倒入红椒、姜、蒜、葱炒香。
4. 加入木耳、黄瓜，加料酒炒匀。
5. 倒入肉卷，加入所有调味料翻炒约1分钟至入味。
6. 用水淀粉勾芡，盛出即可。

营养分析

黄瓜含水量高，经常食用可起到延缓皮肤衰老的作用。黄瓜还含有维生素B_1和维生素B_2，可以防止口角炎、唇炎，还可润滑肌肤，让你保持苗条身材。

雪里蕻肉末

制作时间 4分钟

材料 雪里蕻350克，肉末60克，蒜末、红椒圈各少许

调料 盐3克，料酒、鸡粉、味精、老抽、水淀粉、食用油各适量

食材处理

1. 将洗净的雪里蕻切小段。
2. 锅中倒入清水，加油煮沸，倒入雪里蕻。
3. 拌煮约1分钟至熟软捞出。
4. 雪里蕻放入清水中浸泡片刻。
5. 滤出备用。

制作指导 制作此菜肴时，焯煮过的雪里蕻应先沥干水分再炒，口感会更脆嫩爽口。

做法演示

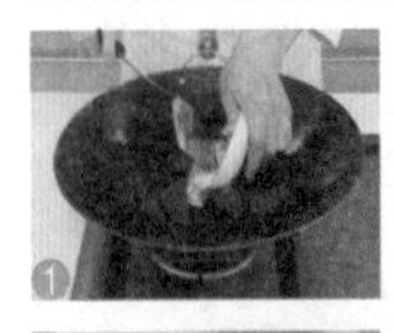

1. 锅注油烧热，倒入肉末翻炒至变白。
2. 加入料酒和老抽炒匀。
3. 倒入蒜末、红椒圈炒匀。
4. 倒入雪里蕻翻炒匀。
5. 加入盐、鸡粉、味精炒匀。
6. 加入适量水淀粉勾芡。
7. 加入少许熟油炒匀。
8. 盛入盘内。
9. 装好盘即可。

咖喱肉末粉丝

制作时间 8分钟

材料 水发粉丝100克，肉末50克，咖喱膏20克，红椒末、青椒末、姜末、芹菜末、葱白、洋葱末各少许

调料 盐、味精、白糖、料酒、生抽、食用油各适量

营养分析

咖喱的主要成分是姜黄粉、川花椒、八角、胡椒、桂皮、丁香和芫荽籽等含有辣味的香料，能促进唾液和胃液的分泌，增加胃肠蠕动，增进食欲。咖喱还具有协助伤口复合、预防阿尔茨海默病即老年痴呆症的作用。

制作指导 肉末要用大火爆香，可确保其肉质鲜嫩。在放入粉丝与咖喱膏后，一定要用小火略焖才能更入味。

做法演示

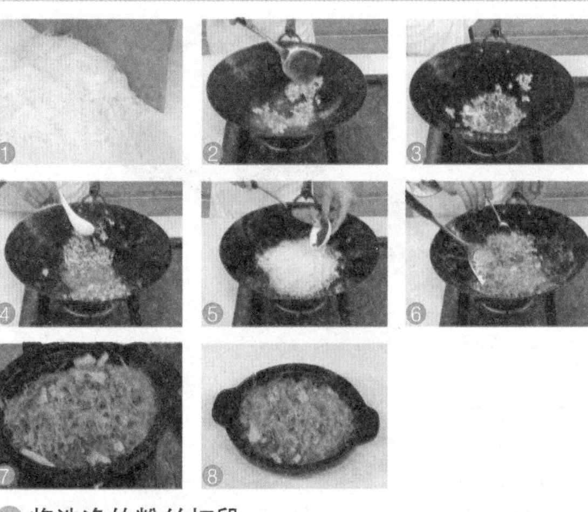

1. 将洗净的粉丝切段。
2. 用油起锅，倒入肉末炒至出油。
3. 倒入红椒、青椒、姜、芹菜、葱、洋葱炒香。
4. 加料酒、生抽炒匀。
5. 倒入粉丝，加咖喱膏翻炒约2分钟至入味。
6. 加盐、味精、白糖和少许食用油炒匀。
7. 煲仔置于火上烧热。
8. 淋入少许食用油，烧开即可。

榄菜肉末蒸豆腐

制作时间 5分钟

材料 豆腐300克，肉末200克，橄榄菜50克，葱花少许

调料 盐3克，味精2克，老抽、料酒、食用油各适量

营养分析

豆腐的蛋白质含量比大豆高，而且豆腐蛋白属完全蛋白，不仅含有人体必需的8种氨基酸，而且比例也接近人体需要，营养价值更高。豆腐还含有脂肪、碳水化合物、维生素和矿物质等。

制作指导 豆腐很容易变质，如果买回来的豆腐暂时不食用，可以把豆腐放在盐水中煮沸，放凉后连水一起放在保鲜盒里，再放进冰箱，这样可以存放一个星期不变质。

做法演示

1. 豆腐切成5厘米×3厘米×2厘米的长方块。
2. 起油锅，倒入肉末炒匀；加老抽、料酒翻炒至熟。
3. 加入味精、盐调味；倒入橄榄菜炒匀，盛出。
4. 豆腐撒上盐。
5. 放上已炒熟的肉末。
6. 转到蒸锅。
7. 加盖蒸3分钟。
8. 取出已蒸好的豆腐。
9. 撒上葱花，淋入热油即成。

咸蛋蒸肉饼

制作时间 12分钟

材料 五花肉400克，葱花10克，咸鸭蛋1个

调料 盐、鸡粉、味精、生抽、生粉、芝麻油、食用油各适量

营养分析

五花肉营养丰富，蛋白质含量高，还含有丰富的脂肪、维生素B_1、钙、磷、铁等成分，具有补肾养血、滋阴润燥、丰肌泽肤等功效。凡病后体弱、产后血虚、面黄羸瘦者，皆可用之作营养滋补品。

制作指导 烹饪此菜时，肉末一定要打起胶，口感才会脆爽。

做法演示

1. 洗净的五花肉剁成末后放在盘中；肉末中加入盐、味精、鸡粉拌匀。
2. 淋上少许生抽搅拌均匀，拍打至起浆；撒上生粉拌匀。
3. 淋入少许芝麻油，拌至起胶；把肉末放入盘内，铺展成饼状。
4. 再将咸鸭蛋打入肉饼中间，使蛋清铺匀。
5. 把蛋黄用刀背轻轻压平。
6. 再搁置在盘中间，稍稍压紧实；将盘子放入蒸锅中。
7. 加盖，用中火蒸10分钟左右至熟透，取出。
8. 撒上葱花，淋上熟油；摆好盘即成。

煎酿三宝

制作时间 10分钟

材料 苦瓜150克，茄子100克，肉末100克，青椒80克，蒜末、葱花各少许

调料 盐5克，水淀粉10毫升，鸡粉3克，老抽3毫升，味精1克，白糖2克，生抽、生粉、食用碱、芝麻油、蚝油、食用油各适量

食材处理

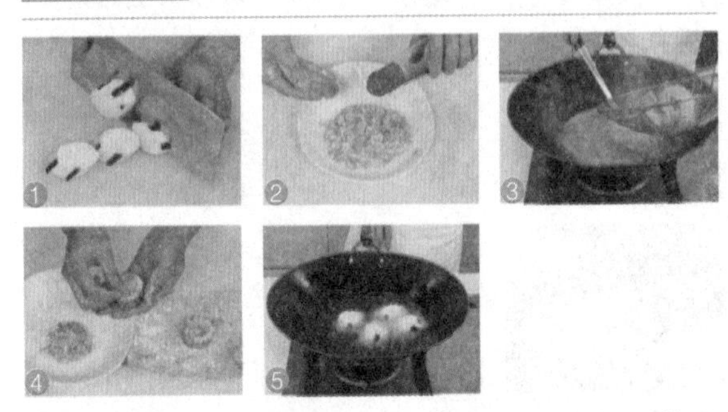

1. 茄子洗净去皮，切双飞片；苦瓜洗净切棋子状；将瓜瓤取出。
2. 青椒洗净，切段，再分切成两片去籽；肉末加鸡粉、盐、生抽、生粉拍打起浆；淋入少许芝麻油拌匀。
3. 锅中注水烧开，加食用碱，放入苦瓜；焯煮约1分钟至熟，捞出备用。
4. 将已撒上生粉的茄片酿入肉末；将已撒上生粉的苦瓜塞入肉末；将青椒片酿入肉末，装入盘中。
5. 锅中注油烧至五成热，放入酿茄子炸约1分钟至熟透，捞出备用。

做法演示

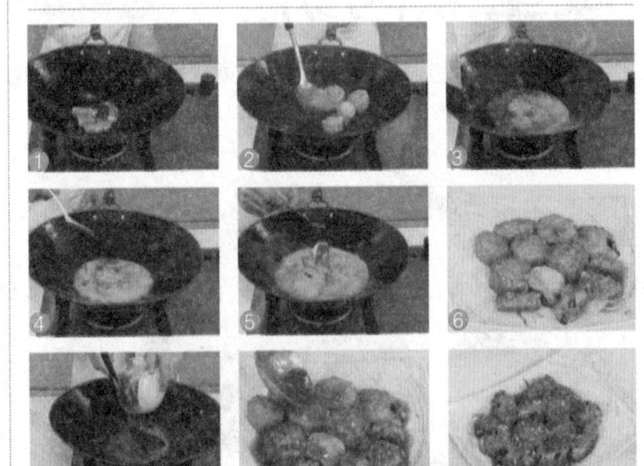

1. 锅留油放酿青椒，慢火煎至肉熟，捞出。
2. 放入酿苦瓜，慢火煎至金黄色，翻面，再煎至金黄色。
3. 倒入蒜末；加少许清水，淋入料酒煮沸。
4. 加鸡粉、老抽、蚝油炒匀调味。
5. 放入酿茄子、酿青椒；加盐、味精、白糖调味。
6. 将煮好的材料盛出装盘。
7. 原汁加少许水淀粉勾芡，淋入熟油拌匀。
8. 将稠汁浇在三宝上。
9. 撒上葱花即成。

年糕炒腊肉

材料 年糕200克，腊肉200克，生姜片、葱段、胡萝卜片各适量

调料 盐2克，味精、白糖、料酒、食用油各适量

食材处理

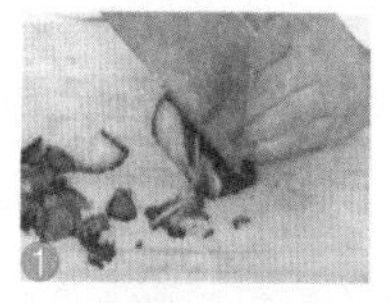
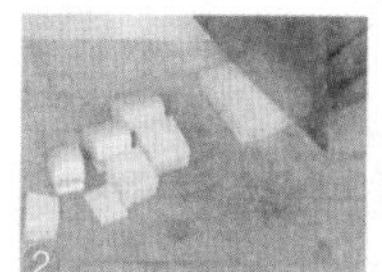

1. 将洗好的腊肉切片。
2. 将洗净的年糕切块。
3. 锅中倒入适量清水烧开，放入腊肉。
4. 煮2分钟至熟后捞出。
5. 倒入已切好的年糕。
6. 煮1分钟至熟后捞出备用。

制作指导 年糕受热容易粘锅，因此需要用小火不断地翻炒，使年糕在不粘锅的同时还能吸收浓稠的汤汁。

做法演示

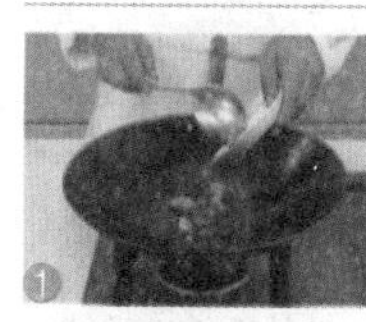

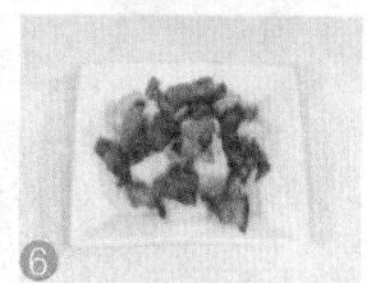

1. 热锅注油，倒入腊肉煸炒出油。
2. 放入生姜片和葱段拌匀。
3. 倒入年糕、胡萝卜片，拌炒匀。
4. 加入盐、味精、白糖；再淋入料酒炒匀。
5. 撒入剩余葱段拌炒均匀。
6. 盛出炒好的年糕腊肉即成。

糖醋里脊

材料 猪里脊300克

调料 鸡蛋清1个，水淀粉、豆油各50克，料酒、白糖、醋、香油、盐各适量

做法

1. 猪里脊洗净，切条，加鸡蛋清、水淀粉、盐搅匀上浆。
2. 取碗放盐、糖、醋、料酒、水淀粉调成糖醋汁。
3. 油锅烧热，下里脊炸至金黄，倒出沥油。
4. 原锅烧热，放入豆油，倒入糖醋汁，打成薄芡，投入里脊条翻炒，淋上香油即可出锅。

山药猪肉汤

材料 猪肉200克，山药25克

调料 精盐5克

做法

1. 将猪肉洗净、切丁、汆水。
2. 山药去皮、洗净、切丁备用。
3. 净锅上火倒入水，调入精盐，下入猪肉、山药煲至熟即可。

双杏煲猪肉

材料 猪瘦肉200克，木瓜75克，银杏10颗，杏仁5克

调料 高汤适量，精盐5克

做法

1. 将猪瘦肉洗净、切块。
2. 木瓜洗净去皮、籽切块。
3. 银杏、杏仁洗净备用。
4. 净锅上火倒入水和高汤，调入精盐。
5. 下入猪瘦肉、木瓜、银杏、杏仁煲至熟即可。

家乡酱排骨

材料 排骨500克

调料 盐、老抽、料酒、红油、葱末、红辣椒各适量，熟芝麻5克

做法

1. 排骨洗净剁块。
2. 红辣椒洗净，切成小丁。
3. 锅内注水，大火烧开后，将剁好的排骨放入锅内煮约半小时至完全熟后，捞出装盘。
4. 油锅烧热，炒香葱末，再放盐、老抽、料酒、红油拌炒，取汤汁浇在排骨上，撒上熟芝麻、红辣椒丁即可。

芳香排骨

材料 排骨400克

调料 红椒、青椒、葱各5克，盐3克，酱油3克，糖、白醋各2克，香油少量

做法

1. 将排骨洗净，剁成长条；红椒、青椒、葱分别洗净切碎。
2. 排骨抹上盐、糖、酱油和醋腌至入味，撒上红椒、青椒和葱末。
3. 放入蒸锅蒸约 25 分钟至熟。
4. 出锅淋上香油即可。

糖醋排骨

材料 猪排骨300克，鸡蛋1个

调料 生粉、盐、醋、白糖、番茄酱各适量，葱10克，姜3克

做法

1. 猪排骨洗净斩成小段，葱切圈，姜切末。
2. 将猪排装入碗内，加入生粉和鸡蛋液一起拌匀，入油锅中炸至金黄色后捞出。
3. 锅置火上加油烧热，下入番茄酱炒香后，下水、糖、醋、盐、葱、姜、生粉勾芡，下入排骨拌匀即可。

白菜梗炒香肠

制作时间 3分钟

材料 白菜梗150克，香肠70克，蒜末、红椒片、葱段各少许

调料 盐、味精、白糖、水淀粉、食用油各适量

食材处理

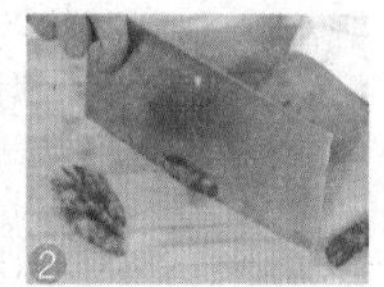

1. 将洗净的白菜梗切小片。
2. 洗好的香肠切斜片。

制作指导 炒白菜梗前可以先入开水中焯烫一下。这样不仅能缩短烹饪的时间，另外也使氧化酶无法起到作用，能较好地保存菜品中的维生素C。

做法演示

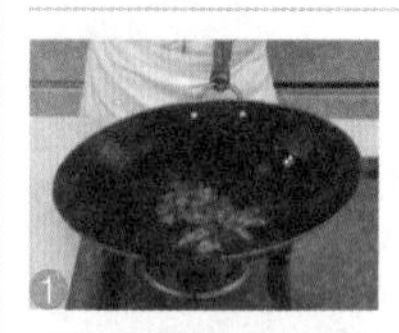

1. 锅中注油，烧热，倒入香肠炒出油。
2. 倒入白菜梗，拌炒匀。
3. 倒入蒜末、红椒片、葱段，拌炒约1分钟至熟。
4. 加盐、味精、白糖，炒匀，再加入水淀粉拌匀。
5. 最后，撒入葱段拌炒匀。
6. 盛入盘内即成。

营养分析

大白菜富含蛋白质、脂肪、胡萝卜素、维生素和钙、磷等矿物质以及大量粗纤维，是一种营养价值很高的健康蔬菜。经常吃白菜，不但能润肠、排毒，还能增强皮肤的抗损伤能力，可以起到很好的护肤和养颜效果。

冬笋炒香肠

材料 冬笋150克，香肠100克，蒜苗段、蒜末各少许

调料 盐2克，味精、白糖、料酒、蚝油、水淀粉、食用油各适量

食材处理

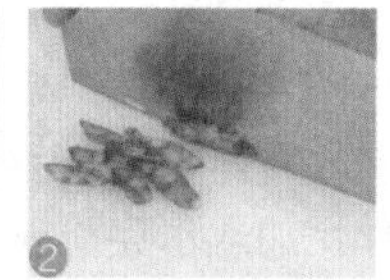
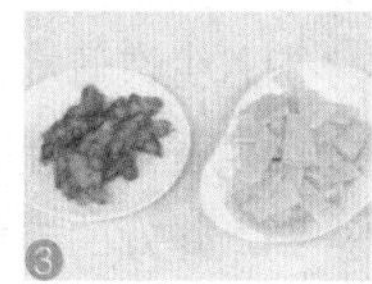

1. 将已去皮洗净的冬笋切片。
2. 再把洗好的香肠切片。
3. 将切好的香肠、冬笋分别装入盘中备用。

制作指导 焯煮冬笋时，一定要注意时间和水温，焯的时间过长、水温过高会使冬笋失去清脆的口感。

做法演示

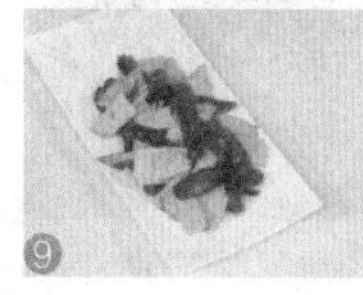

1. 用油起锅，倒入蒜末、蒜苗段爆香。
2. 倒入腊肠。
3. 加入少许清水，拌炒片刻至熟。
4. 倒入冬笋，翻炒1分钟至熟透。
5. 加入盐、味精、白糖、料酒和适量蚝油。
6. 拌炒至入味。
7. 加入少许水淀粉勾芡。
8. 快速拌炒均匀。
9. 起锅，盛入盘中即可。

菠萝排骨

制作时间 4分钟

材料 排骨150克，菠萝肉150克，番茄汁30毫升，青红椒片、葱段、蒜末各少许

调料 盐、味精、吉士粉、面粉、白糖、水淀粉、食用油各适量

食材处理

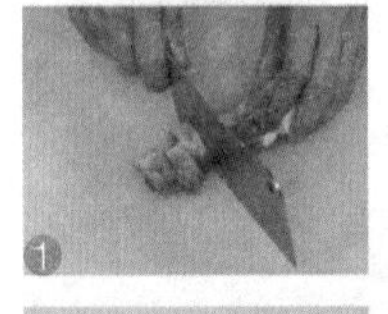
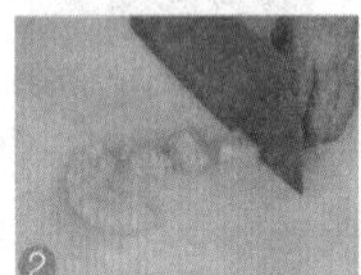

1. 将洗净的排骨斩段。
2. 菠萝肉切块。
3. 排骨加盐、味精拌匀；加入吉士粉拌匀。
4. 再均匀裹上面粉腌渍10分钟。
5. 锅置旺火，注油烧热，放入排骨拌匀。
6. 炸约4分钟至金黄色且熟透，捞出备用。

做法演示

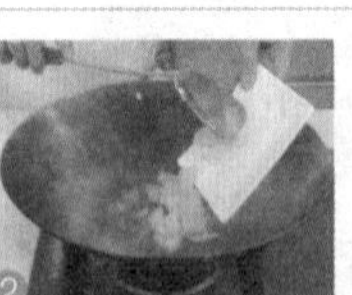

1. 另起油锅，放入葱段、蒜末、青红椒片爆香。
2. 加入少许清水，倒入菠萝肉炒匀。
3. 倒入番茄汁拌匀加白糖和少许盐调味。
4. 倒入炸好的排骨，加入水淀粉炒匀。
5. 淋入少许熟油拌匀。
6. 盛入盘内即可。

营养分析

排骨具有很高的营养价值，具有滋阴壮阳、益精补血、强壮体格的功效。

苦瓜黄豆排骨煲

制作时间 40分钟

材料 排骨段300克，苦瓜150克，咸菜100克，水发黄豆60克，姜片、红椒各适量

调料 料酒、盐、味精、食粉、鸡粉、食用油各适量

食材处理

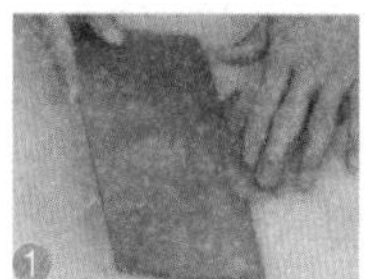
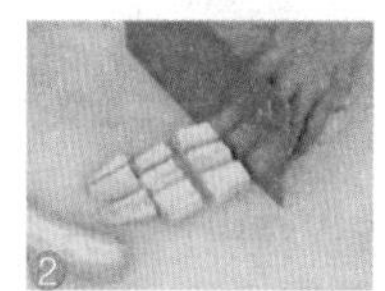

1 洗净的咸菜切片。

2 洗净的苦瓜切成段；洗净的红椒切成片。

3 排骨段加料酒、盐、味精拌匀，腌渍10分钟。

制作指导 做骨头汤用的筒状排骨，比较难砍，可用钢锯（断锯条也可）在骨的中部锯出一个深1毫米、长5毫米左右的缺口，然后用刀背砍，骨头会很快被折断，既省力又安全。

做法演示

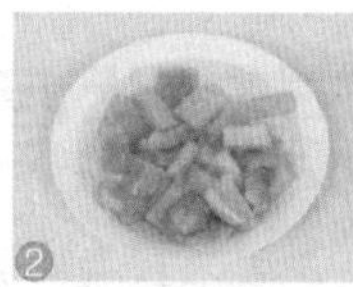

1 锅中加清水烧开，倒入咸菜；煮沸后捞出。

2 原锅中再放入食粉；倒入苦瓜，煮约2分钟；捞出煮好的苦瓜；放入装有清水的碗中过凉水备用。

3 热锅注油，烧至五成热，倒入腌好的排骨段；炸至断生，捞出。

4 锅底留油，放入姜片爆香；倒入排骨段，淋入料酒，翻炒均匀；加入适量清水，倒入黄豆，加盖煮沸。

5 揭盖后倒入咸菜、苦瓜；加盐、味精、鸡粉；拌匀调味；放入红椒片拌匀；将锅中材料盛入砂煲，置于旺火上。

6 加盖烧开，再转慢火炖10分钟；关火后取下砂煲即成。

酸梅酱蒸排骨

制作时间 20分钟

材料 排骨450克，姜末15克，葱花少许

调料 酸梅酱25克，盐、料酒、芝麻油、生粉各适量

食材处理

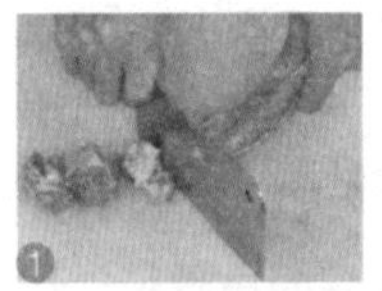

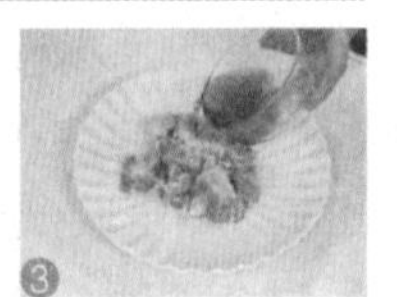
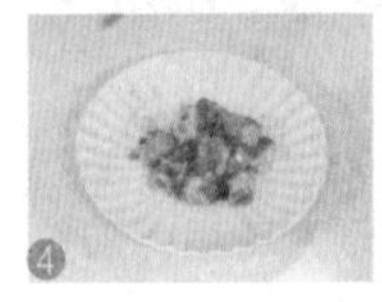
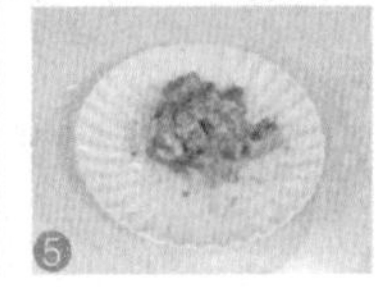

1. 把洗净的排骨斩成小件。
2. 斩件后的排骨放入盘中。
3. 排骨中加姜末、盐、料酒拌匀。
4. 再倒入酸梅酱拌匀。
5. 撒上生粉拌匀，再淋入芝麻油腌渍入味。

做法演示

1. 将腌好的排骨放入盘中，摆好造型。
2. 将排骨放入蒸锅中。
3. 盖上锅盖，用中火蒸约15分钟至熟。
4. 取出已蒸好的排骨。
5. 撒上葱花即成。

营养分析

排骨除含蛋白质、脂肪、维生素外，还含有大量的磷酸钙、骨胶原、骨黏蛋白等，可为幼儿和老人提供钙质。

豆香排骨

制作时间 17分钟

材料 排骨300克，姜片、蒜末、葱花各少许

调料 盐3克，鸡粉1克，黄豆酱30克，生粉、料酒、食用油各适量

食材处理

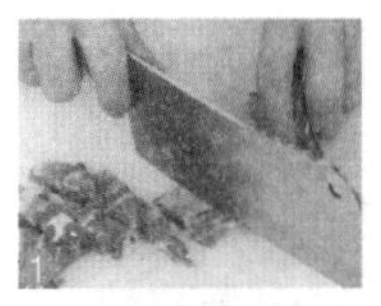

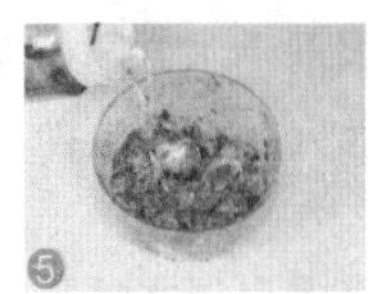
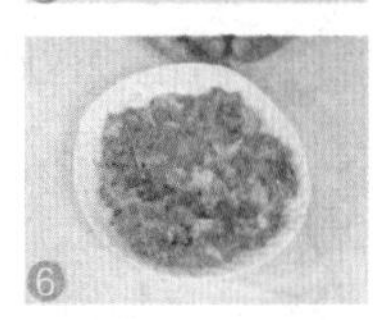

1. 将洗净的排骨斩成块。
2. 把切好的排骨装入碗中；加入准备好的姜片、蒜末。
3. 再加入适量盐、鸡粉、料酒，拌均匀。
4. 加入黄豆酱，拌匀；加入少许生粉，拌匀。
5. 再淋入少许食用油，拌匀。
6. 将拌好的排骨盛入盘中；覆上保鲜膜。

做法演示

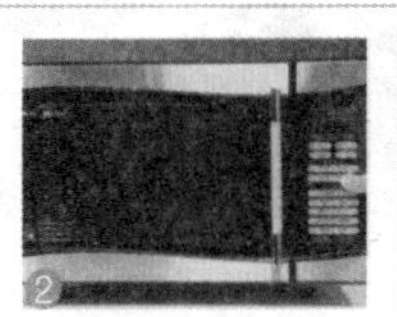

1. 把调好味的排骨放入微波炉中。
2. 选择“蒸排骨”功能，时间设定为16分钟。
3. 待排骨蒸熟，揭开微波炉门，取出排骨。
4. 去掉保鲜膜。
5. 撒上葱花即成。

制作指导 排骨一定要炖烂，这样营养价值才会更高，炖的时候可以加一两片茴香增加香味。

菠萝苦瓜排骨汤

制作时间 75分钟

材料 排骨600克，苦瓜200克，菠萝肉150克，姜片10克

调料 盐3克，料酒3毫升，鸡粉3克，胡椒粉适量

食材处理

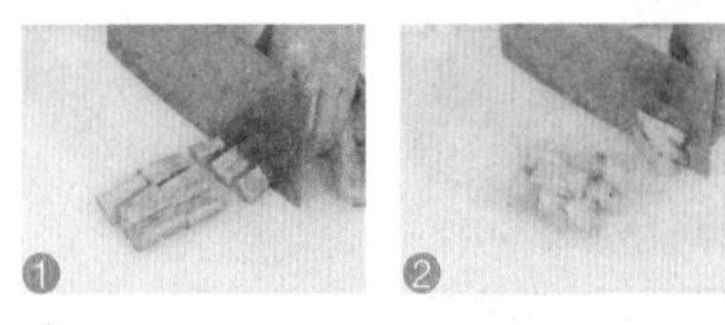

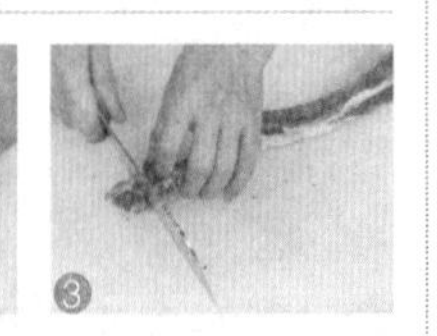

1. 将苦瓜洗净去籽、瓤；切条，切成3厘米长段。
2. 菠萝肉切块。
3. 将洗净的排骨斩成段。

制作指导 鲜菠萝先用盐水泡上一段时间再烹饪，不仅可以减少菠萝酶对口腔黏膜和嘴唇的刺激，还能使菠萝更加香甜。煮苦瓜的时间不可太长，以免影响其鲜嫩口感；砂煲里的水开后，要立即改用小火，避免热水冲开砂煲盖溢出。

做法演示

1. 锅中加约1000毫升清水，倒入排骨，烧开。
2. 加料酒拌匀，大火煮约10分钟，捞去浮沫；将煮好的排骨捞出。
3. 锅中另加约1000毫升清水烧开，倒入排骨。
4. 加入切好的苦瓜、姜片，加料酒；放入菠萝拌匀，煮沸。
5. 将煮好的菠萝、苦瓜和排骨捞出。
6. 将材料转到砂煲，置于旺火上烧开。
7. 改用小火，加盖炖1个小时。
8. 揭开盖子，加盐、鸡粉、胡椒粉调味。
9. 关火，端下砂煲即可。

苦瓜肥肠

制作时间 2分钟

材料 苦瓜300克，熟肥肠200克，姜片、蒜末、葱白、红椒片各少许

调料 盐、味精、料酒、白糖、老抽、水淀粉、食粉、食用油各适量

食材处理

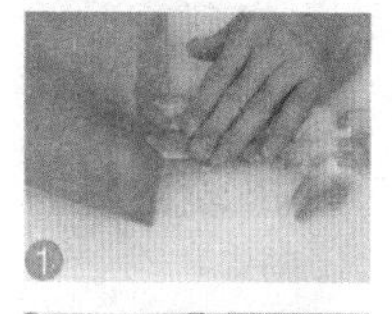

1. 将已经洗好去除瓜瓤的苦瓜切成片。
2. 肥肠切块。
3. 热水锅加入食粉烧开。
4. 倒入苦瓜。
5. 煮沸后捞出。

制作指导 苦瓜焯水时，要用旺火，以保持苦瓜的脆嫩，焯好后要快速过凉水以保持苦瓜的绿色。

做法演示

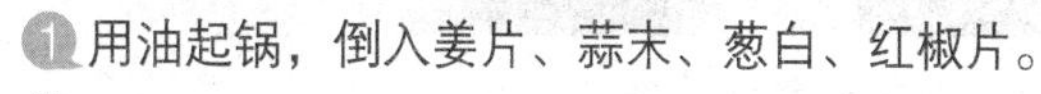

1. 用油起锅，倒入姜片、蒜末、葱白、红椒片。
2. 倒入肥肠炒匀。
3. 加入适量料酒炒香。
4. 加老抽上色。
5. 倒入苦瓜翻炒至熟。
6. 加盐、味精、白糖调味。
7. 用水淀粉勾芡。
8. 淋入熟油拌匀。
9. 盛出即成。

咸菜肥肠

制作时间 3分钟

材料 咸菜200克，熟肥肠150克，红椒20克，姜片、蒜末、葱段各少许

调料 盐2克，白糖、味精、蚝油、料酒、老抽、水淀粉、食用油各适量

食材处理

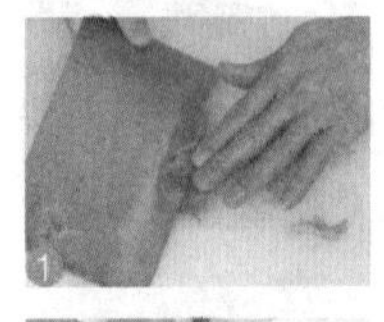
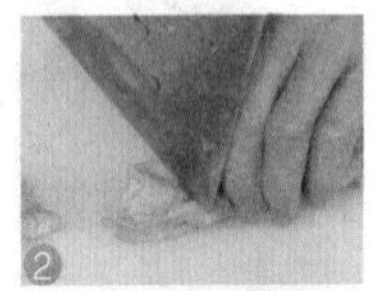
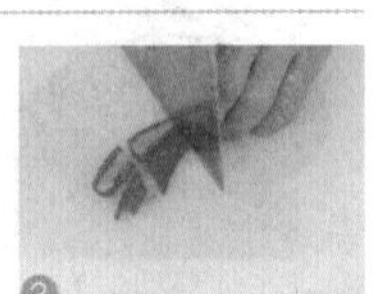

1. 将洗好的咸菜切片。
2. 肥肠切块。
3. 将洗净的红椒切片。
4. 锅中加清水烧开，放入咸菜。
5. 煮沸后捞出。

制作指导 咸菜比较咸，烹制此菜时不宜加太多盐，否则太咸会影响口感。

做法演示

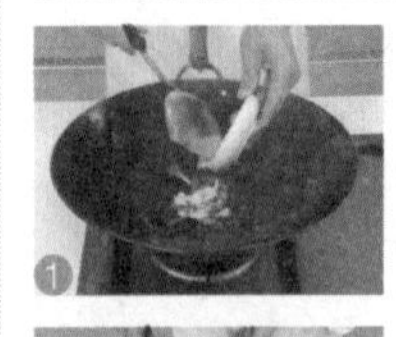

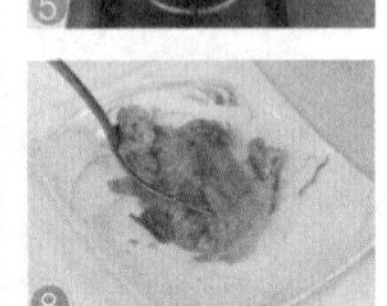

1. 热锅注油，倒入姜片、蒜末、红椒、葱段。
2. 再倒入肥肠并炒香。
3. 加料酒、老抽上色。
4. 放入咸菜翻炒1分钟至熟透。
5. 加味精、盐、白糖、蚝油调味。
6. 用水淀粉勾芡。
7. 淋入熟油拌匀。
8. 盛入盘中。
9. 装好盘即可。

香芹炒猪肝

制作时间 2分钟

材料 猪肝200克，芹菜150克，姜片10克，蒜末少许，红椒丝适量

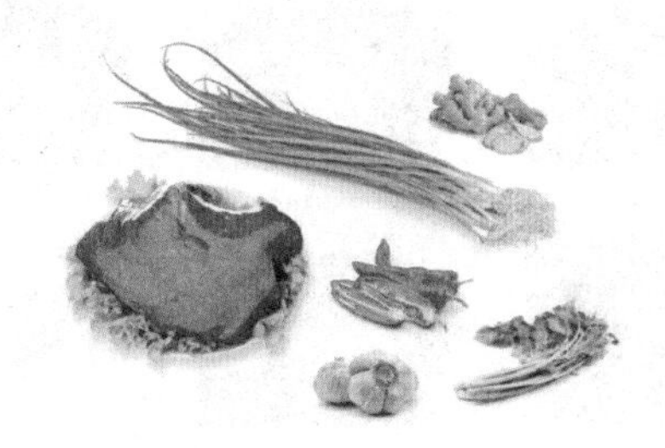

调料 盐3克，水淀粉10毫升，味精、白糖、蚝油、姜葱酒汁、食用油各适量

食材处理

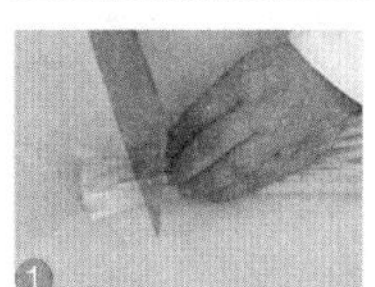

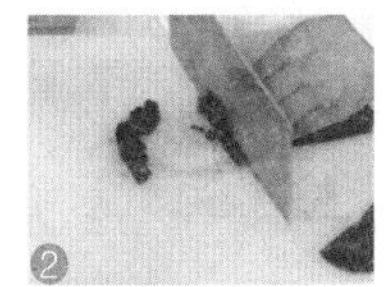

1. 将洗净的芹菜切成段。
2. 将处理干净的猪肝切片，装入盘中。
3. 猪肝加姜葱酒汁、盐、味精、水淀粉腌渍。

制作指导 猪肝不宜炒得太嫩，否则有毒物质就会残留其中，可能会诱发癌症、白血病。

做法演示

1. 热锅注油，烧热；倒入猪肝拌炒匀。
2. 放入姜片、蒜末、红椒丝炒匀。
3. 倒入芹菜段拌炒匀。
4. 加入盐、味精、白糖拌炒匀。
5. 加入蚝油炒匀。
6. 再用适量水淀粉勾芡。
7. 淋入少量的芝麻油。
8. 快速拌炒匀。
9. 盛出装盘即可。

西芹炒猪心

制作时间 3分钟

材料 西芹70克，猪心70克，姜片、葱段、胡萝卜片各少许

调料 料酒、盐、味精、白糖、水淀粉、食用油各适量

食材处理

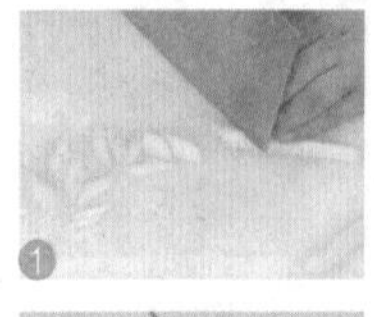
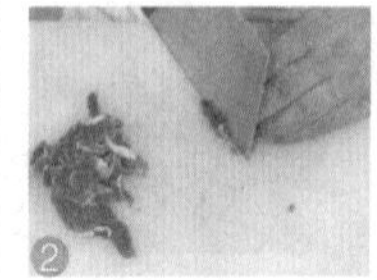

1. 洗净的西芹切成小段。
2. 洗净的猪心切成片。
3. 把切好的猪心放入盘中，加入料酒。
4. 再加入少许盐、味精。
5. 用筷子拌匀。
6. 倒入水淀粉，腌渍10分钟。

制作指导 猪心汆水后再腌渍，不仅可以缩短成菜的时间，还能消除异味。

做法演示

1. 热锅注油，倒入猪心翻炒直至断生。
2. 倒入姜片、葱段炒香。
3. 放入西芹炒熟，加盐、味精、白糖炒匀。
4. 倒入少许水淀粉勾芡。
5. 拌炒均匀使其入味。
6. 盛入盘中即成。

营养分析

猪心的蛋白质含量是猪肉的2倍，脂肪含量却极少。猪心还富含钙、磷、铁、维生素等成分，具有安神定惊、养心补血之功效，常食猪心可缓解女性绝经后阴虚心亏、心神失养所致诸症。

猪肺炒山药

制作时间 2分钟

材料 猪肺200克，山药100克，洋葱片、青椒片、红椒片、蒜末、姜片各少许

调料 盐3克，味精、鸡粉、蚝油、白醋、水淀粉、料酒、食用油各适量

食材处理

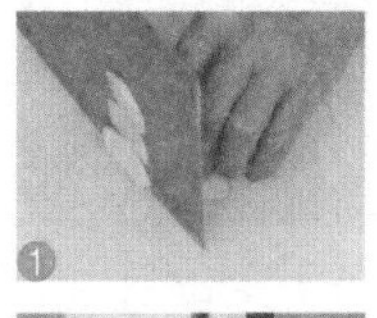
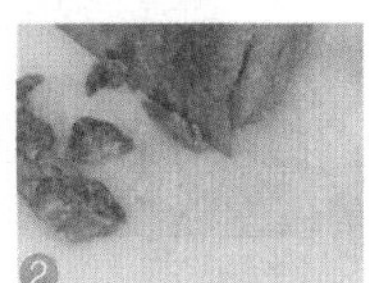
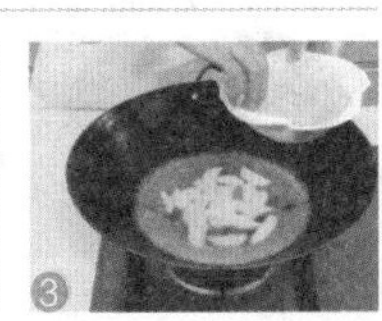

1. 将已去皮洗净的山药切片。
2. 再把处理干净的猪肺切片。
3. 锅中注水烧开，加少许白醋，倒入山药。
4. 煮约1分钟至熟，捞出。
5. 猪肺倒入锅中。
6. 大火煮约5分钟至熟后捞出。

制作指导 新鲜山药切开时会有黏液，极易滑刀伤手，可以先用清水加少许醋洗一遍，这样可减少黏液。

做法演示

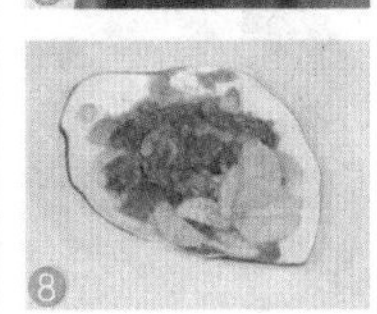

1. 热锅注油，倒入蒜、姜、青红椒、洋葱。
2. 倒入猪肺拌炒片刻。
3. 淋入少许料酒炒匀。
4. 倒入已煮好的山药。
5. 加蚝油、盐、味精、鸡粉炒约1分钟入味。
6. 加入少许水淀粉勾芡。
7. 再淋入熟油，拌炒均匀。
8. 盛入盘中即可。

猪肺菜干汤

制作时间 65分钟

材料 猪肺300克，菜干100克，姜片、罗汉果各少许

调料 盐、味精、鸡粉、料酒、猪油各适量

食材处理

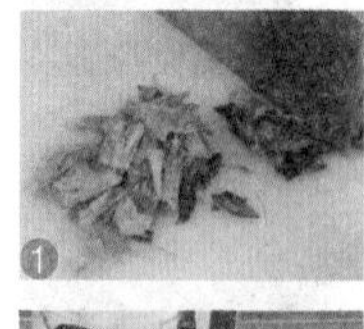
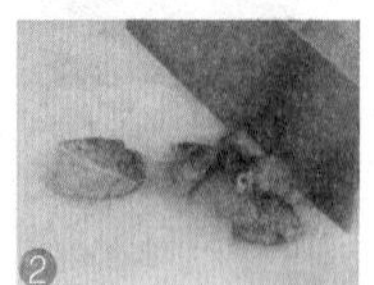
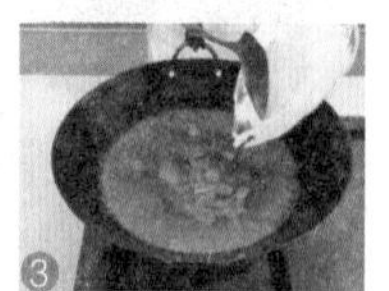

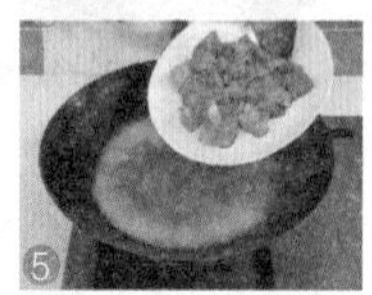

1. 将洗好的菜干切段。
2. 再把洗净的猪肺切块。
3. 锅中注入适量清水烧开，倒入菜干。
4. 煮沸后捞出菜。
5. 倒入猪肺，煮约3分钟至熟透。
6. 捞出猪肺用清水洗净。

制作指导 猪肺为猪内脏，内隐藏大量细菌，必须清洗干净且选择新鲜的肺来煮食。清洗猪肺时，放适量面粉和水，用手反复揉搓，可彻底去除猪肺的附着物。

做法演示

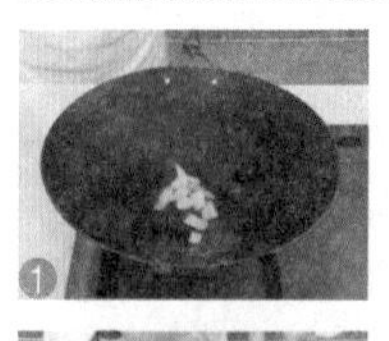
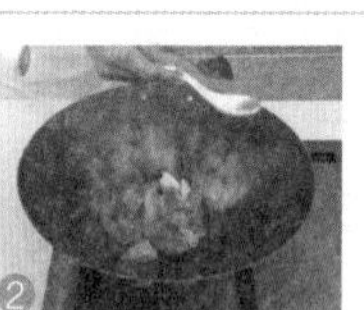

1. 锅置旺火，猪油烧热，倒入姜片爆香。
2. 倒入猪肺，加入料酒炒匀。
3. 注入适量清水，加盖煮沸。
4. 倒入菜干和洗好的罗汉果煮沸。
5. 将煮好的食材倒入砂煲。
6. 加盖，大火烧开后改用小火炖1小时。
7. 揭盖，加入盐、味精、鸡粉调味。
8. 端出砂煲即成。

雪梨猪肺汤

制作时间 58分钟

材料 猪肺200克，雪梨80克，姜片20克

调料 盐、鸡粉、料酒各适量

食材处理

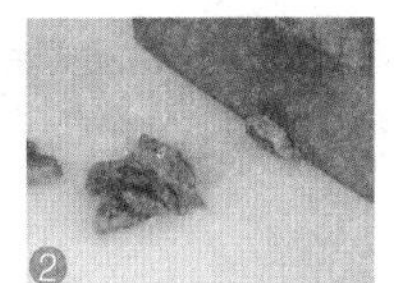

1. 将洗净的雪梨切块。
2. 处理好的猪肺切块。

制作指导 洗猪肺时，首先用清水反复冲洗几遍，再放少许面粉和水，用手反复揉搓，将猪肺的附着物搓掉；然后用清水冲洗，再加适量白醋浸泡15分钟，以去腥、杀菌；最后猪肺片放入沸水煮5分钟，可将肺内脏物去除干净。

做法演示

1. 锅中加清水，倒入猪肺加盖煮约5分钟至熟。
2. 捞出煮熟的猪肺沥水。
3. 煲仔置于旺火上，加适量清水烧开。
4. 倒入猪肺，放入姜片、料酒。
5. 加盖烧开后，小火煲40分钟。
6. 揭盖加入雪梨。
7. 加盖小火煲10分钟。
8. 揭盖，加盐、鸡粉调味。
9. 转到汤碗即可。

胡萝卜丝炒牛肉

制作时间 3分钟

材料 牛肉300克，鸡腿菇100克，胡萝卜80克，红椒10克，蒜薹、葱白、姜片、蒜末各少许

调料 盐、味精、食粉、水淀粉、料酒、生抽、蚝油、食用油各适量

食材处理

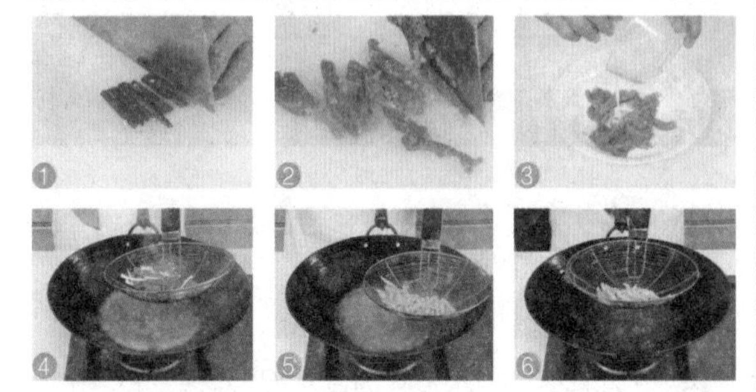

1. 将已去皮洗净的胡萝卜切丝；把洗净的鸡腿菇切成丝；红椒切丝。
2. 再把洗好的牛肉切丝。
3. 牛肉加食粉、生抽、盐、味精拌匀；倒入水淀粉拌匀，再加入适量食用油腌渍10分钟。
4. 锅中倒入清水烧开，加盐、味精、食用油拌匀，倒入胡萝卜、鸡腿菇拌匀；煮沸后捞出。
5. 倒入牛肉；汆至断生后捞出。
6. 热锅注油，烧至四成热，倒入牛肉；滑油片刻后捞出。

做法演示

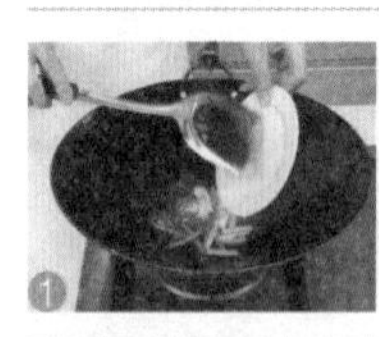

1. 锅留底油，倒入蒜末、姜片、红椒、蒜薹炒香。
2. 放入胡萝卜、鸡腿菇拌炒片刻。
3. 再倒入牛肉，加入料酒、蚝油、盐、味精炒至熟。
4. 加入少许水淀粉。
5. 盛出即可。

营养分析

胡萝卜不仅富含胡萝卜素，还富含维生素、钙、铁、磷等营养物质。其所含的维生素B_2和叶酸有抗癌作用，经常食用胡萝卜可以增强人体的抗癌能力，所以被称为“预防癌症的蔬菜”。

制作指导 牛肉丝入锅炒的时间不宜太久，否则肉质会变硬，影响口感。

芥蓝炒牛肉

制作时间 2分钟

材料 芥蓝200克，牛肉150克，姜片、葱白、蒜末、红椒片各少许

调料 盐3克，味精、生抽、白糖、蚝油、食粉、料酒、水淀粉、食用油各适量

食材处理

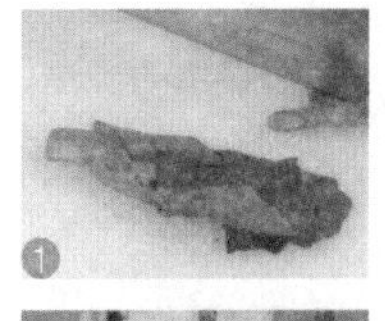
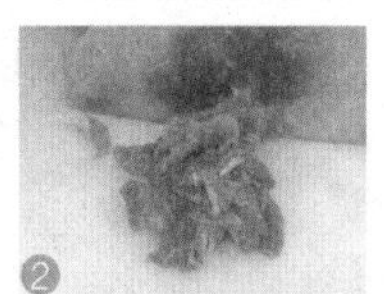

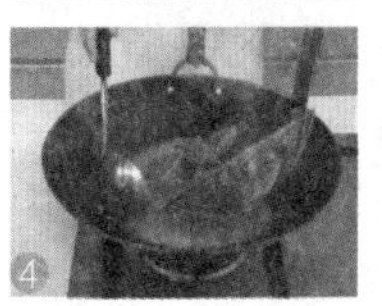

1. 将洗好的芥蓝切段。
2. 再把洗净的牛肉切片。
3. 牛肉加盐、生抽拌匀；倒入水淀粉拌匀；再放入适量食粉、味精和食用油腌渍10分钟。
4. 锅中倒入清水烧开，加食用油、盐煮沸；倒入芥蓝；焯至断生后捞出。
5. 再倒入牛肉；氽至断生后捞出。
6. 热锅注油，烧至四成热，倒入牛肉；滑油片刻捞出。

做法演示

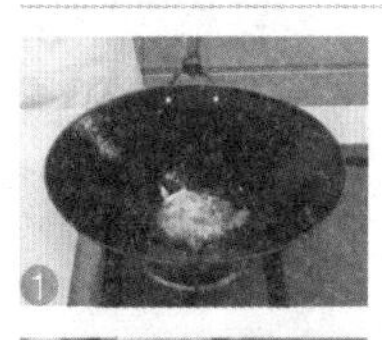

1. 锅留底油，倒入蒜末、姜片、葱白、红椒爆香。
2. 倒入芥蓝炒匀。
3. 加料酒炒香。
4. 放入牛肉，翻炒片刻至熟透。
5. 加蚝油、盐、味精、白糖调味。
6. 用水淀粉勾芡。
7. 淋入熟油拌匀。
8. 盛出即成。

鸡腿菇炒牛肉

制作时间 3分钟

材料 牛肉200克，鸡腿菇150克，青、红椒各15克

调料 盐、味精、白糖、水淀粉、食粉、生抽、蚝油、料酒、食用油各适量

食材处理

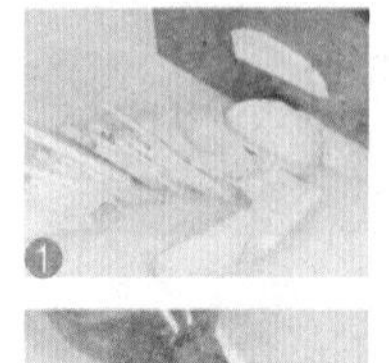
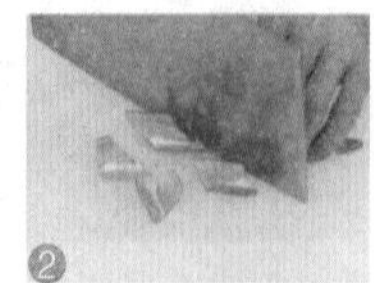

1. 将洗好的鸡腿菇切片。
2. 洗净的青椒切片；洗好的红椒切片。
3. 再把洗净的牛肉切片；加食粉、生抽、味精、盐、水淀粉拌匀。
4. 倒入食用油，腌渍10分钟入味。
5. 热锅注油，烧至四成热，倒入牛肉；滑油约1分钟至断生后捞出。
6. 倒入鸡腿菇、青椒片、红椒片；滑油片刻捞出备用。

做法演示

1. 锅留油，倒入鸡腿菇、青椒、红椒、牛肉。
2. 加盐、味精、白糖、蚝油和料酒翻炒至熟。
3. 用水淀粉勾芡。
4. 翻炒片刻至熟透且入味。
5. 出锅盛盘即可。

营养分析

鸡腿菇营养丰富，含有丰富的蛋白质、碳水化合物、钙、磷及多种维生素，能增强免疫力、安神除烦。鸡腿菇搭配富含蛋白质、B族维生素、钙、磷、铁等营养成分的牛肉一起烹饪，有补中益气、滋养脾胃、强健筋骨等功效，能提高身体抗病能力，体弱或病后需要调养的人尤其适合食用。

苦瓜炒牛肉

制作时间 3分钟

材料 牛肉300克，苦瓜200克，豆豉、姜片、蒜末、葱白各少许

调料 盐、食粉、生抽、水淀粉、食用油各适量

食材处理

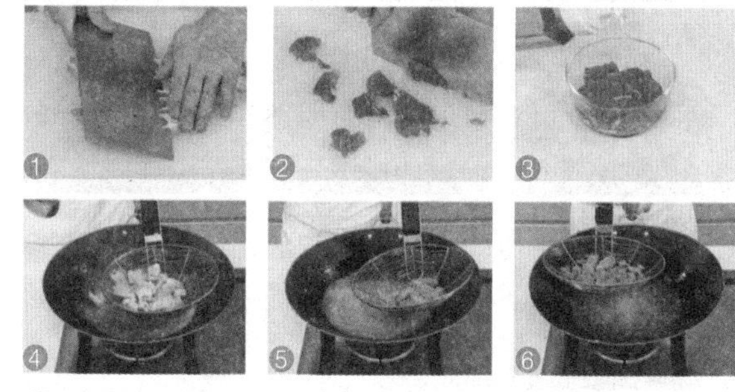

1. 将洗净的苦瓜切开，去瓤籽，斜刀切片。
2. 洗净的牛肉切片。
3. 牛肉片加入少许食粉、盐、生抽拌匀；加入生粉拌匀，再淋入少许食用油，腌渍10分钟。
4. 锅中注入约1500毫升清水烧开；倒入苦瓜，拌匀；煮沸至断生后捞出。
5. 另起锅，注入1000毫升清水烧开，倒入牛肉；氽至转色捞出。
6. 热锅注油，烧至五成热，放入牛肉，用锅铲搅散；炸至金黄色后捞出。

做法演示

1. 锅留底油，倒入豆豉、姜片、蒜末爆香。
2. 倒入滑油后的牛肉，再倒入氽水的苦瓜炒匀。
3. 加入蚝油、盐、白糖，料酒炒匀，调味。
4. 加入水淀粉勾芡。
5. 加入少许熟油炒匀。
6. 盛入盘内即可。

营养分析

苦瓜的营养极其丰富，其所含的蛋白质、脂肪、碳水化合物在瓜类蔬菜中含量较高，特别是维生素C的含量，居瓜类之冠。

蚝油青椒牛肉

制作时间 4分钟

材料 牛肉300克，青椒30克，红椒15克，姜片、蒜末、葱白各少许

调料 盐3克，白糖2克，水淀粉10毫升，食粉1克，生抽、老抽、蚝油、料酒、食用油各适量

食材处理

1. 牛肉洗净，切段，再切成丁。
2. 青椒洗净，切片；红椒洗净，切片。
3. 牛肉丁加少许食粉、生抽、盐拌匀。
4. 加水淀粉拌匀，加食用油，腌渍15分钟。
5. 热锅注油，烧至四成热，倒入牛肉丁。
6. 滑油片刻捞出。

制作指导 腌渍牛肉丁时加少许啤酒，可增加牛肉的鲜嫩程度。

做法演示

1. 倒入姜片、蒜末、葱白爆香。
2. 加青椒片、红椒片炒匀。
3. 再倒入牛肉丁炒匀。
4. 淋入料酒炒香。
5. 加盐、白糖、蚝油、老抽炒匀。
6. 加水淀粉勾芡。
7. 翻炒匀至入味。
8. 盛入盘中即可。

咖喱牛肉

制作时间 3分钟

材料 牛肉300克，土豆50克，洋葱50克，红椒、姜片、蒜末各少许

调料 咖喱膏10克，盐5克，生抽4毫升，白糖3克，味精2克，料酒、食粉、水淀粉、食用油各适量

食材处理

1. 把洗净的土豆切片；洗净的洋葱切片。
2. 洗净的红椒去籽，切成片。
3. 洗净的牛肉切片后放入碗中；碗中加入食粉、盐、味精拌匀。
4. 淋入少许水淀粉拌匀；注入适量食用油，腌渍10分钟。
5. 锅中注入适量食用油烧热，放入土豆；炸片刻后捞出沥油备用。
6. 再倒入腌好的牛肉片；滑油片刻，捞出备用。

做法演示

1. 锅底留少许食用油烧热，倒入姜片、蒜末爆香。
2. 倒入洋葱、红椒、土豆炒匀。
3. 再放入牛肉炒匀，淋入少许料酒炒匀。
4. 倒入咖喱膏，翻炒至入味。
5. 加盐、味精、白糖炒匀。
6. 倒入水淀粉炒匀。
7. 用中小火炒匀。
8. 出锅盛入盘中即可。

牛肉娃娃菜

制作时间 3分钟

材料 娃娃菜300克，牛肉250克，青椒、红椒各15克，姜片、蒜末、葱白各少许

调料 水淀粉10毫升，盐5克，味精5克，白糖3克，食粉3克，生抽3毫升，料酒3毫升，蚝油3毫升，鸡粉、辣椒酱、食用油各适量

食材处理

1. 娃娃菜洗净切瓣；青、红椒洗净，切圈。
2. 牛肉洗净切片，牛肉片加少许食粉、生抽、盐、味精拌匀；加水淀粉和食用油腌渍10分钟。
3. 锅中加约1000毫升清水烧开，加盐，倒入娃娃菜，焯至断生；将焯好的娃娃菜捞出。
4. 用油起锅，倒入娃娃菜炒匀；淋入料酒，加盐、鸡粉炒匀调味；加水淀粉勾芡。
5. 将炒好的娃娃菜盛出装盘。

做法演示

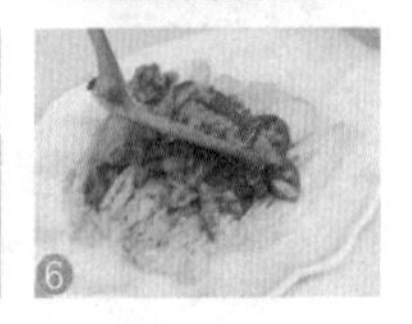

1. 用油起锅，倒入姜片、蒜末、葱白爆香。
2. 倒入腌渍好的牛肉炒匀，淋入料酒，去腥。
3. 加蚝油、辣椒酱、盐、白糖、味精炒匀。
4. 倒入红椒、青椒圈炒匀。
5. 加少许熟油炒匀。
6. 将炒好的牛肉盛在娃娃菜上即可。

营养分析

牛肉营养价值甚高，富含蛋白质、脂肪、B族维生素及钙、磷、铁等营养成分。故牛肉有补中益气、滋养脾胃、强健筋骨等保健功效，食之能提高身体抗病能力，手术后、病后调养的人特别适宜食用。

浓汤香菇煨牛丸

制作时间 3分钟

材料 牛肉丸350克，香菜15克，鲜香菇、口蘑、姜片各少许

调料 盐3克，味精、鸡粉、料酒、浓汤各适量

食材处理

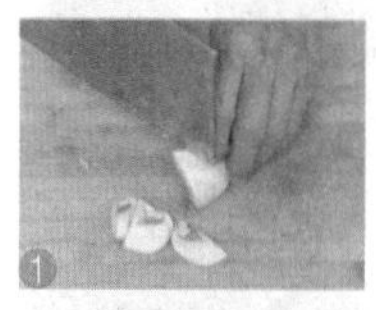

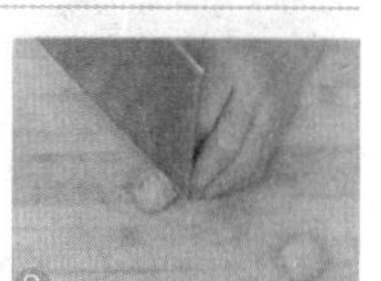

1. 将洗好的口蘑、香菇切成小块。
2. 洗净的香菜切成段。
3. 再把洗净的牛肉丸上切上十字花刀。
4. 锅中注油烧至五成热，倒入牛肉丸。
5. 滑油片刻后捞出备用。

制作指导 牛丸入锅滑油时，油温不能太高，以免把牛丸炸得太老，失去了韧性。

做法演示

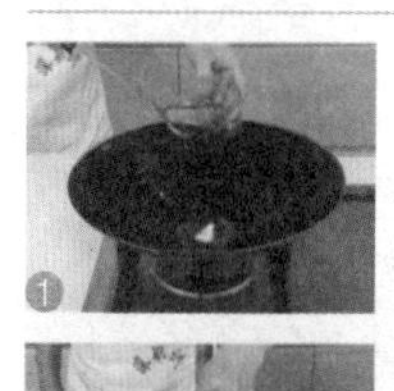
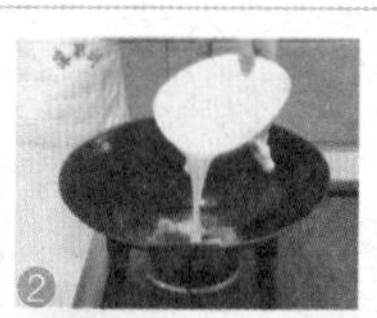

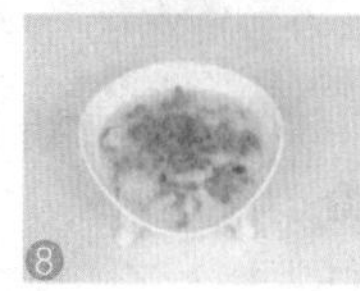

1. 锅留底油，放入姜片炒香，倒入料酒。
2. 再倒入浓汤。
3. 煮沸后下入牛肉丸。
4. 盖上锅盖，大火烧开。
5. 揭盖，倒入洗好的香菇和口蘑。
6. 加入盐、味精、鸡粉拌匀，煮1～2分钟至熟。
7. 撒入切好的香菜段。
8. 盛入碗中即成。

金瓜咖喱牛腩

制作时间 6分钟

材料 熟牛腩250克，土豆80克，洋葱片30克，金瓜1个，姜片、蒜末、葱白各少许

调料 咖喱膏20克，淡奶30毫升，盐4克，味精、白糖、生抽、料酒、水淀粉、芝麻油、食用油各适量

食材处理

1. 将洗净的金瓜切下一个盖子，用工具在金瓜切口边上雕出齿状花边；再用勺子挖去瓤、籽，制成金瓜盅。
2. 熟牛腩切成块。
3. 去皮洗净的土豆切厚片，再切成块。
4. 锅中加1500毫升清水烧开，放入金瓜盅；加盖，小火煮约2分钟至熟。
5. 揭盖，将金瓜盅取出备用。
6. 热锅注油，烧至五成热，倒入土豆；炸至米黄色捞出。

做法演示

1. 锅留底油，倒入姜片、蒜末和葱白爆香；加入洋葱炒香。
2. 倒入切好的牛腩，炒匀淋入少许料酒。
3. 加咖喱膏翻炒匀；倒入少许清水、淡奶。
4. 倒入滑油后的土豆。
5. 加盐、味精、白糖、生抽炒匀。
6. 小火煮约2分钟至入味；用水淀粉勾芡。
7. 大火收汁，再加少许芝麻油炒匀。
8. 翻炒片刻至入味。
9. 将炒好的牛腩盛入金瓜盅内即成。

豆角炒牛肚

制作时间 4分钟

材料 豆角200克，熟牛肚150克，红椒30克，姜片、蒜末、葱白各少许

调料 盐3克，味精、蚝油、水淀粉、料酒、食用油各适量

食材处理

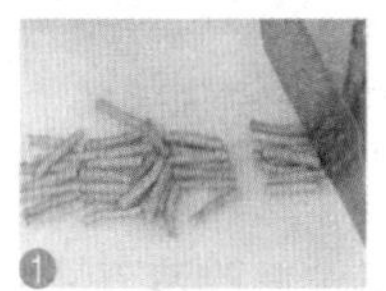
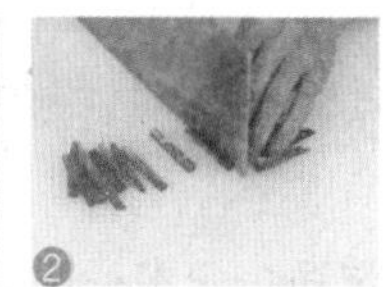
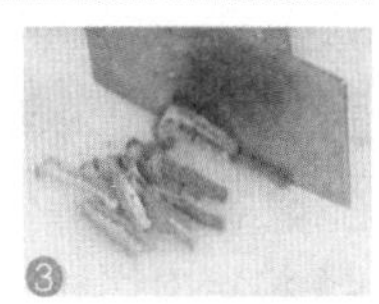

1. 将洗净的豆角切成段。
2. 将洗好的红椒切成丝。
3. 熟牛肚切成丝。

制作指导 烹调豆角前一定要把豆角背部的豆筋撕掉，否则，不仅影响口感，还易塞牙缝。

做法演示

1. 锅注油，倒入姜片、蒜末、葱白和牛肚炒匀。
2. 锅中加入料酒炒香。
3. 倒入豆角、红椒丝，加少许清水焖煮1分钟。
4. 加盐、味精、蚝油翻炒约1分钟至熟。
5. 加入少许水淀粉勾芡，加入熟油拌匀。
6. 盛入盘内即可。

营养分析

豆角的营养价值很高，含有丰富的蛋白质、糖类、磷、钙、铁、维生素等营养物质，其中以磷的含量最丰富，有健脾补肾、调和脏腑、安养精神、消暑化湿和利水消肿的功效。特别适合脾胃虚弱所致的食积、腹胀者食用。

苦瓜排骨煲

材料 小排骨200克，苦瓜1根

调料 葱段15克，姜10克，白糖10克，米酒8克，盐3克，八角2粒

做法

1. 姜洗净切片，苦瓜去籽切块，排骨切块。
2. 水烧开，分别放入苦瓜和小排骨焯烫，捞出沥干水分，小排骨以冷水冲洗干净。
3. 油锅烧热，爆香葱、姜及八角，加水煮开，转入砂煲中，入排骨、苦瓜、白糖、米酒、盐，煲至排骨熟烂即可。

黄瓜扁豆排骨汤

材料 黄瓜400克，扁豆30克，麦冬20克，排骨600克，蜜枣2颗

调料 盐5克

做法

1. 黄瓜洗净，切段。
2. 扁豆、麦冬、蜜枣洗净。
3. 排骨斩件，洗净焯水。
4. 将清水2000克放入瓦煲内，煮沸后加入以上材料，大火煮沸后，改用小火煲3小时，加盐调味即可。

红豆黄瓜猪肉煲

材料 猪肉300克，黄瓜100克，红豆50克，陈皮3克

调料 色拉油30克，精盐6克，葱5克，高汤适量

做法

1. 将猪肉切块、洗净、汆水；黄瓜洗净改滚刀块；红豆、陈皮洗净备用。
2. 净锅上火倒入色拉油，将葱炝香，下入猪肉略煸。
3. 倒入高汤，调入精盐，倒入黄瓜、红豆、陈皮，小火煲至熟即可。

椒盐茄盒

制作时间 3分钟

材料 肉末150克，茄子100克，鸡蛋1个，红椒末、蒜末、葱花、洋葱末、味椒盐各适量

调料 生粉、料酒、味精各少许

食材处理

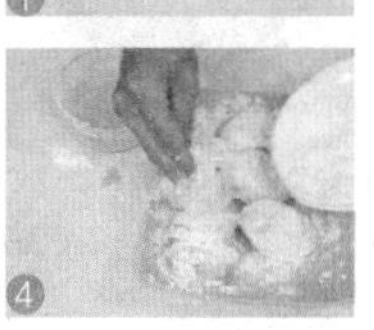

1. 将去皮洗净的茄子切双飞片；放入清水中浸泡备用。
2. 鸡蛋打入碗内，搅散；加入少许生粉调匀。
3. 茄子撒上生粉，刀口处塞满肉末。
4. 将酿好的茄片裹上蛋液，再用生粉裹匀。
5. 热锅注油，烧至五成热，放入酿好的茄子。
6. 炸大约2分钟后捞出。

做法演示

1. 锅中加油、红椒、蒜、洋葱、味椒盐炒香。
2. 加料酒、味精、葱花，倒入茄子炒匀。
3. 盛出装盘即可。

营养分析

茄子含有丰富的维生素P，这种物质能增强毛细血管的弹性，降低毛细血管的脆性及渗透性，防止微血管破裂出血，使心血管保持正常的功能。

客家茄子煲

制作时间 4分钟

材料 茄子300克，肉末100克，红椒末、蒜末、葱白、葱花各少许

调料 盐、生抽、老抽、料酒、蚝油、鸡粉、白糖、水淀粉各适量

食材处理

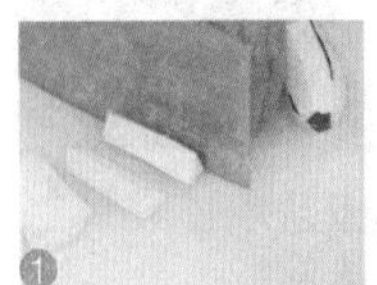

1. 将已去皮洗净的茄子切条。
2. 放入清水中浸泡片刻。

制作指导 茄子切好后，可趁着还没变色，立刻放入油里炸。这样可以炸出茄子中多余的水分，在焖煮时，也更容易入味。

做法演示

1. 热锅注油，烧至五成热，倒入茄子。
2. 炸约1分钟至金黄色捞出。
3. 锅留底油，倒入肉末爆香；加生抽、老抽、料酒炒至熟。
4. 倒入蒜末、红椒、葱白炒匀。
5. 加少许清水、蚝油、盐、鸡粉、白糖调味。
6. 放入茄子，加老抽上色，焖煮片刻。
7. 用水淀粉勾芡，翻炒匀至入味；盛入煲仔。
8. 用大火烧开，煮至入味。
9. 撒入葱花即可食用。

鲍汁铁板酿茄子

制作时间 10分钟

材料 肉末200克，茄子150克，葱段、蒜末、红椒末、洋葱末各少许

调料 生抽、蚝油、鸡粉、盐、味精、白糖、老抽、鲍汁各适量

食材处理

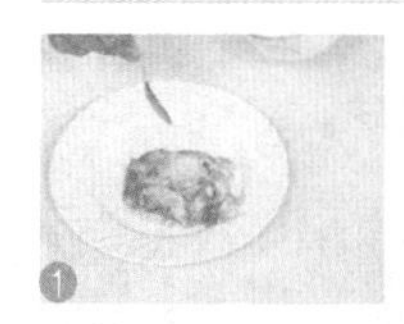
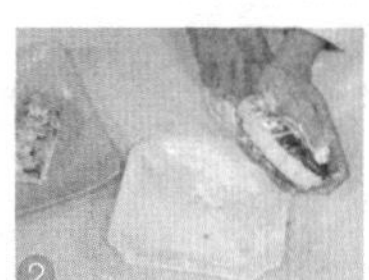

1. 肉末加盐、味精、生抽、生粉拌匀腌 10 分钟。
2. 将茄子划上斜花刀撒上生粉，刀口处塞满肉末。
3. 锅注油烧至五成热，放酿好的茄子炸熟捞出。

做法演示

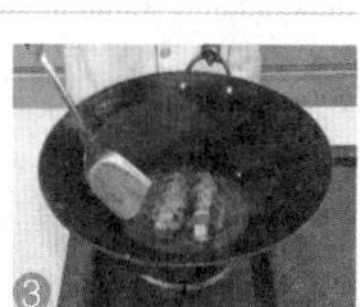
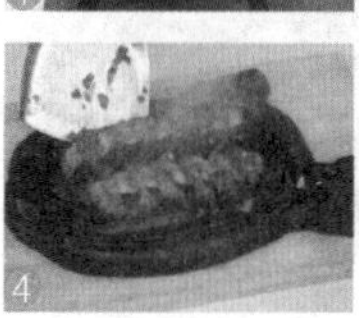

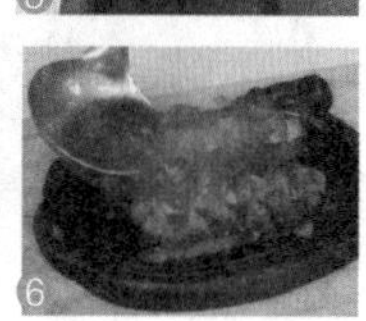

1. 锅留油，加葱、蒜、红椒、洋葱、鲍汁拌匀煮沸。
2. 加蚝油、鸡粉、盐、味精、白糖、老抽调味。
3. 放入炸好的茄子，煮约2分钟至入味。
4. 将茄子盛入烧热的铁板内。
5. 原汤汁加水淀粉勾芡，制成稠汁。
6. 将稠汁浇在茄子上即成。

营养分析

茄子含有维生素E，有防止出血和抗衰老功能，常吃茄子，可使血液中胆固醇水平不致增高，对延缓人体衰老具有积极的意义。

制作指导 放入炸好的茄子时，可用锅铲不断地将汁浇在茄子上面，使其入味均匀。

梅菜炒苦瓜

制作时间 4分钟

材料 梅菜250克，苦瓜200克，五花肉100克，红椒片、姜片、蒜蓉、葱段各少许

调料 盐、老抽、白糖各适量

食材处理

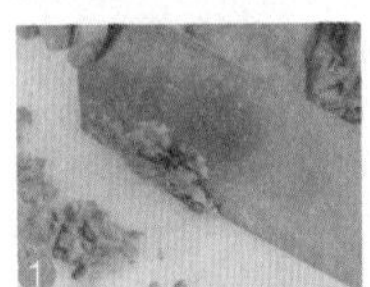

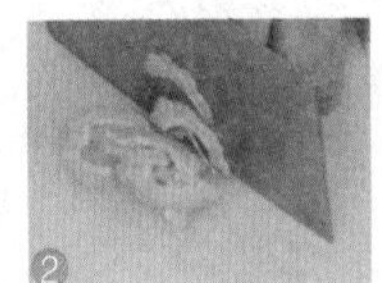

1. 把洗净的梅菜切碎。
2. 洗净的苦瓜去除瓜瓤，切薄片。
3. 洗净的五花肉切片装碗中备用。

制作指导 梅菜要泡透后再烹饪，否则太咸影响口感。另外，烹饪时用猪油会更香。

做法演示

1. 炒锅热油，倒入五花肉炒出油。
2. 加少许老抽，炒匀上色。
3. 倒入姜片、葱段、蒜蓉。
4. 再倒入梅菜炒匀，加盐、白糖调味。
5. 倒入苦瓜炒匀。
6. 注入少许清水，翻炒至熟。
7. 倒入红椒片翻炒至匀。
8. 用中火翻炒至熟透。
9. 出锅盛入盘中即成。

客家酿苦瓜

材料 苦瓜400克，肉末100克，姜末、蒜末、葱花各少许

调料 盐3克，水淀粉10毫升，鸡精3克，白糖3克，蚝油3克，老抽3毫升，生抽3毫升，胡椒粉、食用油、芝麻油各适量

食材处理

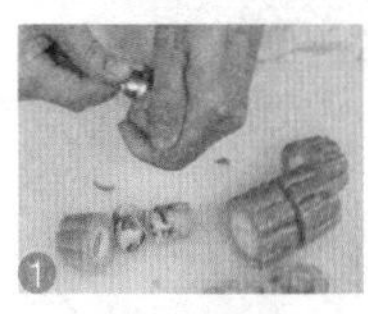
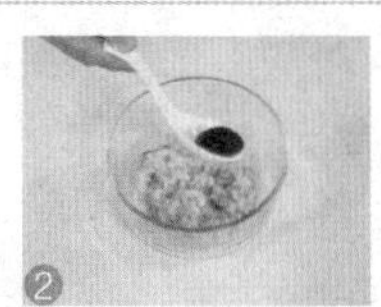
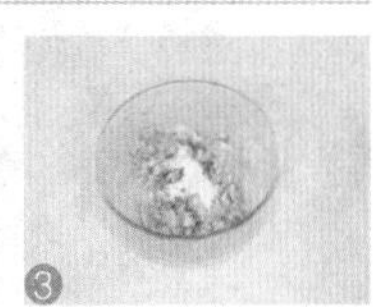

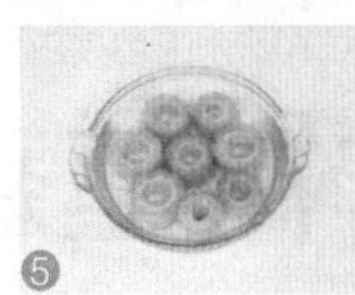
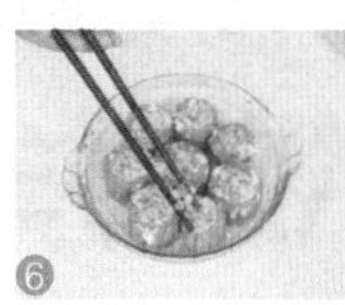

1. 将洗净的苦瓜切成约3厘米长的棋子段；用小勺将苦瓜段中的瓤籽挖出。
2. 肉末装入碗中，加入少许生抽、鸡精、盐、胡椒粉拌匀。
3. 再加入生粉、芝麻油拌匀，腌渍10分钟入味。
4. 锅中加水烧开，加食粉，倒入苦瓜拌匀；煮约2分钟至熟，将煮好的苦瓜捞出。
5. 放入凉水中冷却。
6. 苦瓜段内壁抹上生粉；逐一填入拌好的肉末。

做法演示

1. 用油起锅，放入酿好的苦瓜；煎约半分钟后翻面，继续煎约1分钟至微微焦黄。
2. 将煎好的酿苦瓜盛出装盘。
3. 锅留底油，倒入姜末、蒜末爆香；加料酒炒匀，倒入少许清水。
4. 加入蚝油、老抽、生抽、盐、鸡精、白糖拌匀煮沸。
5. 倒入苦瓜；加盖，慢火焖5分钟至熟软入味。
6. 盛出煮好的酿苦瓜。
7. 原汤汁加水淀粉勾芡调成浓汁。
8. 将浓汁浇在酿苦瓜上，撒上葱花即可。

银耳瘦肉汤

材料 猪瘦肉300克，银耳100克，红枣10克

调料 色拉油15克，精盐适量，鸡精2克，葱、香菜各3克

做法

①猪瘦肉洗净切丁、汆水，银耳泡发撕小朵，红枣洗净。②净锅上火倒入色拉油，将葱爆香，倒入水，调入精盐、鸡精，下入猪瘦肉、银耳、红枣小火煲至入味，撒入香菜即可。

银耳红枣煲猪排

材料 猪排200克，水发银耳45克，红枣6颗

调料 精盐5克，白糖3克

做法

①将猪排洗净、切块、汆水，水发银耳洗净撕成小朵，红枣洗净备用。②净锅上火倒入水，调入精盐，下入猪排、水发银耳、红枣煲至熟，调入白糖即可。

猪肺雪梨银耳汤

材料 熟猪肺200克，木瓜30克，雪梨15克，水发银耳10克

调料 精盐4克，白糖5克

做法

①将熟猪肺切方丁；木瓜、雪梨洗净切方丁；水发银耳洗净，撕成小朵备用。②净锅上火倒入水，调入精盐，下入熟猪肺、木瓜、雪梨、水发银耳煲至熟，调入白糖搅匀即可。

银耳羊肉莲藕汤

材料 羊肉250克，莲藕100克，胡萝卜15克，水发银耳6克

调料 色拉油10克，精盐少许，葱花5克

做法

①将羊肉洗净、切块，莲藕、胡萝卜去皮洗净均切成块，水发银耳洗净撕成小朵备用。②汤锅上火倒入色拉油，将葱花炝香，倒入水，下入羊肉、莲藕、胡萝卜、水发银耳，调入精盐煲至熟，撒入葱花即可。

百花豆腐

制作时间 12分钟

材料 水豆腐300克，日本豆腐200克，肉末100克，鲜香菇30克，红辣椒15克，葱花少许

调料 盐6克，鸡粉3克，生抽、生粉、蚝油、水淀粉、食用油各适量

食材处理

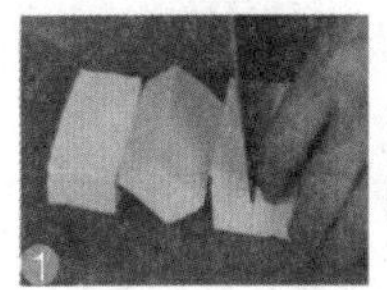
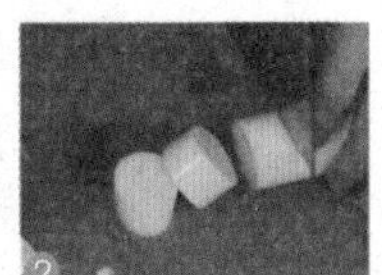

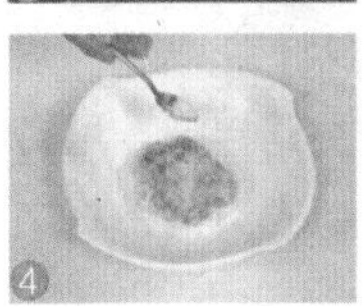
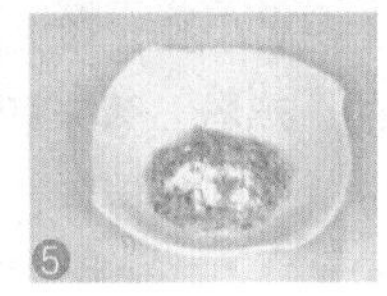

1. 将水豆腐切小块。
2. 日本豆腐切成小段。
3. 洗净的鲜香菇、红辣椒切成小块。
4. 肉末加盐、鸡粉、生抽拌匀，拍打至起浆。
5. 再撒上生粉拌匀。

制作指导 日本豆腐肉质很嫩，制作时要掌握好力度，以免将其弄碎，影响成菜美观。

做法演示

1. 用小勺在水豆腐块上掏出豆腐瓤。
2. 装入肉末，完成后将豆腐块摆在盘中。
3. 放上日本豆腐，再撒上少许盐。
4. 将盘子转至蒸锅；盖上盖，大火蒸约5分钟至熟。
5. 取出备用。
6. 起油锅，倒入鲜香菇爆香；注入少许清水。
7. 加入蚝油、鸡粉、盐调味，煮至沸。
8. 用水淀粉勾芡，撒上红辣椒拌匀，即成味汁。
9. 将味汁浇入盘中；最后撒上葱花即成。

客家酿豆腐

制作时间 5分钟

材料 豆腐500克，五花肉100克，水分香菇20克，葱白、葱花各少许

调料 水淀粉10毫升，盐6克，鸡粉3克，蚝油3克，生抽3毫升，生粉、胡椒粉、食用油、芝麻油各适量

食材处理

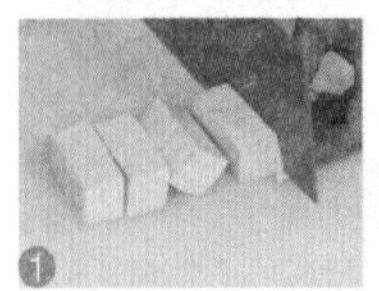

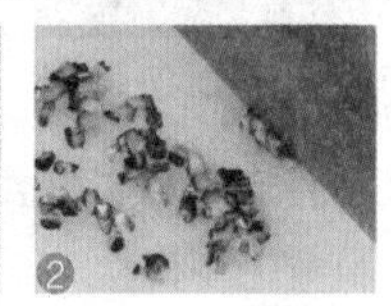

1. 将洗净的豆腐切成长方形块。
2. 香菇切碎，剁成末；葱白切碎，剁成末。
3. 洗净的五花肉切碎，剁成肉末。

制作指导 豆腐块翻面时，用力要适度，以免弄碎；煎豆腐时，火候不可太大，以免烧焦。

做法演示

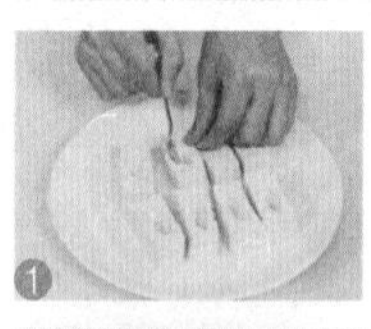

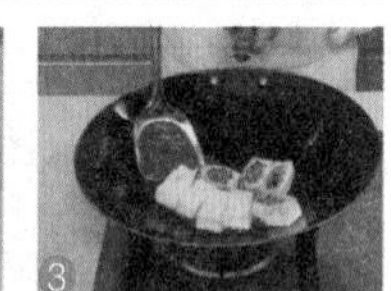

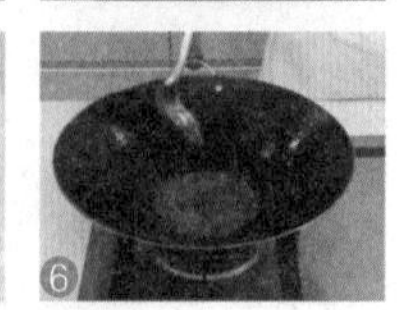

1. 用小勺在豆腐上挖出小孔；撒上少许盐。
2. 肉末加盐、生抽、鸡粉、葱末和香菇拌匀，甩打上劲；加少许生粉、芝麻油拌匀，制成肉馅；将肉馅依次填入豆腐块中。
3. 用油起锅，放入豆腐块，肉馅朝下，煎片刻，转动炒锅，以免肉馅煎糊；肉馅煎至金黄色，翻面，煎香。
4. 加入约70毫升清水；加入鸡粉、盐、生抽、蚝油。
5. 再撒入胡椒粉炒匀调味；慢火煮约1分钟入味；豆腐盛出装盘。
6. 原汤汁加水淀粉勾芡，加少许熟油拌匀，调成浓汁；将浓汁淋在豆腐块上；再撒上葱花即可。

枸杞香菇炖猪蹄

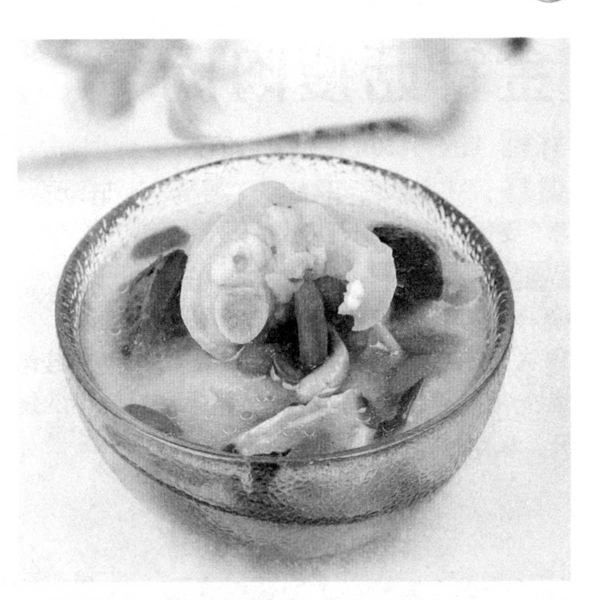

材料 猪蹄1个，香菇125克，枸杞8克

调料 精盐6克

做法

1. 将猪蹄洗净、切块、汆水，香菇洗净、切块，枸杞洗净备用。
2. 净锅上火倒入水，调入精盐，下入猪蹄、香菇、枸杞煲至熟即可。

枸杞山药牛肉汤

材料 山药200克，牛肉125克，枸杞5克

调料 精盐6克，香菜末3克

做法

1. 将山药去皮洗净，切块。
2. 牛肉洗净切块，汆水。
3. 枸杞洗净，备用。
4. 净锅上火倒入水，调入精盐，下入山药、牛肉、枸杞煲至熟，撒入香菜末即可。

金针菇瘦肉汤

材料 猪瘦肉150克，金针菇100克

调料 色拉油20克，精盐6克，鸡精、香油各3克，葱、姜各5克，香菜10克，高汤适量

做法

1. 将猪瘦肉洗净切丁，金针菇、香菜洗净切段。
2. 锅上火倒入色拉油，将葱、姜爆香，下入猪瘦肉煸炒，倒入金针菇、高汤，调入精盐、鸡精，大火烧开，淋入香油，撒入香菜即可。

鸡腿菇鸡心汤

材料 鸡腿菇200克，鸡心100克

调料 枸杞10克，盐5克，味精3克，鸡精2克，姜片10克

做法

1. 鸡腿菇洗净切厚片；鸡心切掉多油的地方，洗净淤血。
2. 枸杞入冷水中泡发；鸡心入沸水中汆透，再入冷水中洗净。
3. 煲中水烧开，下入姜片、鸡心、枸杞煲 20 分钟，下入鸡腿菇。
4. 再煲 10 分钟，调入盐、味精即可。

金针菇牛肉丸汤

材料 精牛肉350克，金针菇120克

调料 高汤适量，精盐6克，香菜2克，酱油3克，葱、姜各5克，鸡蛋清3个

做法

1. 将精牛肉洗净剁成泥，调入精盐、酱油、葱、姜、鸡蛋清搅匀制成丸子；金针菇洗净备用。
2. 净锅上火倒入高汤，下入丸子汆熟，再下入金针菇煲至熟，撒入香菜即可。

肉丝豆腐

材料 豆腐400克，猪肉150克，红椒30克

调料 盐4克，味精2克，酱油、香油、葱花、熟芝麻各适量

做法

1. 猪肉洗净，切丝；红椒洗净，切圈；豆腐洗净，切块备用。
2. 豆腐入开水稍烫，捞出，沥干水分，装盘；酱油、盐、味精、香油调成味汁，淋在豆腐上。
3. 油锅烧热，放入猪肉，加盐、味精、红椒、葱花炒好，放在豆腐上，撒上熟芝麻即可。

牛肉芹菜土豆汤

材料 熟牛肉100克，土豆、芹菜各30克

调料 色拉油12克，精盐3克，鸡精2克，红椒丁5克

做法

1. 将熟牛肉、土豆、芹菜治净均切丝备用。
2. 汤锅上火倒入色拉油，下入土豆、芹菜煸炒，倒入水。
3. 下入熟牛肉，调入精盐、鸡精煲至成熟，撒入红椒丁即可。

香菇瘦肉酿苦瓜

材料 苦瓜250克，猪瘦肉200克，香菇末适量

调料 盐、酱油、葱花、姜末、淀粉、高汤各适量

做法

1. 苦瓜洗净切筒状，去瓤核，焯透，捞出沥水。
2. 肉剁蓉，加香菇末、淀粉、盐、酱油、葱花、姜末调成馅；将苦瓜填馅。
3. 油烧热，放入苦瓜炸黄，再入笼蒸透。
4. 出笼后，高汤煮沸后加入淀粉勾芡，浇在苦瓜上即可。

鸳鸯瓜爆双脆

材料 西葫芦250克，猪肚、猪肠各150克，红椒适量

调料 盐、味精、料酒、酱油各适量

做法

1. 西葫芦、红椒洗净，切片。
2. 猪肚、猪肠洗净，切片，用盐、料酒、酱油腌渍。
2. 热锅下油，放入猪肚和猪肠滑油，入西葫芦、红椒翻炒。
3. 加入盐炒熟，放入味精调味即可。

金针菇炒肉丝

材料 猪肉250克，金针菇300克，鸡蛋清2个

调料 葱丝、胡萝卜丝、盐、料酒、淀粉、清汤、香油各适量

做法

1. 将猪肉切成丝，放入碗内，加蛋清、盐、料酒、淀粉拌匀。
2. 金针菇洗净，切去两头。
3. 油锅烧热，下入肉丝滑熟，放葱丝炒香，放少许清汤调好味。
4. 倒入金针菇、胡萝卜丝拌匀，颠翻几下，淋上香油即可。

第4章

禽蛋类

我国饲养家禽具有悠久的历史，其中食用量比较大的有鸡、鸭、鹅、鸽等。禽类营养成分是极其丰富的，特别是附加品——蛋类，非常“补”人。常食禽蛋类食物可以延缓机体衰老、保护肝脏、健脑益智等。

香蕉滑鸡

制作时间 3分钟

材料 鸡胸肉300克，香蕉1根，蛋液、面包糠各适量

调料 生粉、盐、料酒、食用油各适量

食材处理

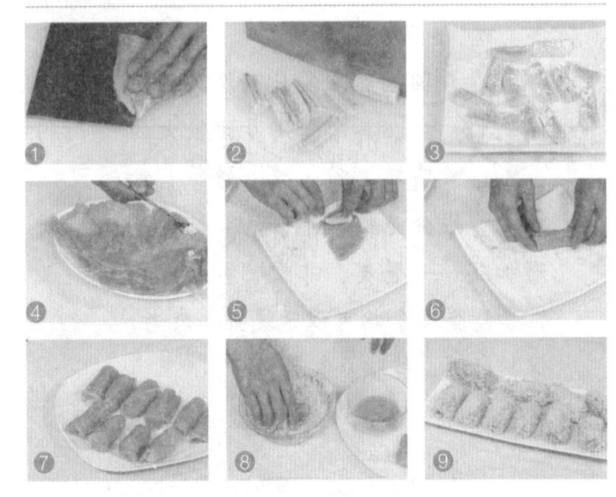

1. 将洗净的鸡胸肉切薄片，装盘备用。
2. 香蕉切段，去皮，切成四等份条块。
3. 香蕉装盘，撒入生粉。
4. 鸡肉撒盐、料酒、蛋液拌匀，腌渍10分钟。
5. 鸡肉片放上香蕉条。
6. 卷紧实，即成肉卷。

7. 摆在盘中备用。
8. 肉卷粘上蛋液，再裹上面包糠。
9. 装盘备用。

做法演示

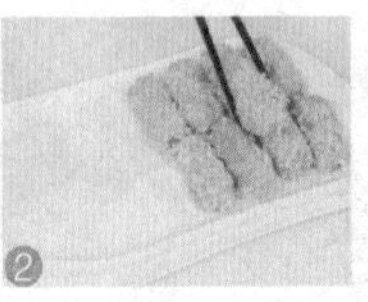

1. 热锅注油烧四成热，放鸡肉卷，炸2分钟。
2. 将炸好的鸡肉卷从油锅中夹入盘中。
3. 盘子旁边摆上装饰品即可。

营养分析

香蕉含有丰富的维生素和矿物质，食用香蕉可以摄取人体所需的各种营养素。香蕉中的钾能预防血压上升及肌肉痉挛，镁则具有消除疲劳的效果。中医认为香蕉有清热、解毒、生津、润肠的功效。

咖喱鸡块

制作时间 12分钟

材料 鸡肉500克，洋葱、土豆各50克，青椒、红椒各20克，蒜末、姜片、葱段各少许

调料 生抽、料酒、盐、味精、白糖、老抽、水淀粉、咖喱膏、生粉、食用油各适量

食材处理

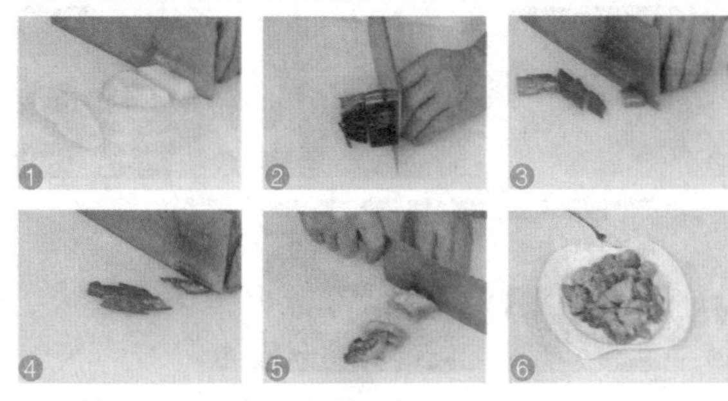

1. 将去皮洗净的土豆切块。
2. 将洗好的洋葱切片。
3. 将洗净的青椒切片。
4. 将洗净的红椒切片。
5. 把洗净的鸡肉斩块。
6. 鸡加生抽、料酒、盐、味精、生粉腌10分钟。

制作指导 鸡块在炸之前用生抽、料酒、盐、味精、生粉腌渍，可以使鸡肉变嫩，没有腥味。

做法演示

1. 热锅注油，烧至三成热，放入土豆。
2. 炸至表现呈金黄色捞出。
3. 倒入鸡块，炸至断生捞出。
4. 锅留油放入蒜姜葱、青椒、红椒、洋葱爆香。
5. 倒入鸡块炒匀。
6. 加咖喱膏、料酒炒香。
7. 加土豆、水、味精、白糖、老抽、盐煮3分钟。
8. 用水淀粉勾芡，淋入熟油拌匀。
9. 盛出即可。

鸡蓉酿苦瓜

制作时间 10分钟

材料 鸡胸肉250克，苦瓜200克，红椒20克

调料 生粉、盐、味精、白糖、食粉、鸡粉、水淀粉各适量

食材处理

1. 把洗净的苦瓜切成均等长度的小段。
2. 再挖去苦瓜籽。
3. 红椒切菱形片备用。
4. 鸡肉剁成肉蓉。
5. 鸡蓉加盐、味精、白糖拌约2分钟至糖分融化。
6. 再加入生粉，拍打至起浆。

制作指导 烹饪前将苦瓜片放入盐水中浸泡片刻，可以减轻苦瓜的苦味。

做法演示

1. 热水锅加入油和食粉，烧开后下入苦瓜，焯约2分钟。
2. 用漏勺捞起，沥干备用。
3. 焯好的苦瓜抹生粉塞鸡肉蓉，捏紧，摆入盘。
4. 依此做完其余的苦瓜段，再摆好红椒片。
5. 将盘子放入蒸锅中。
6. 加盖蒸约7分钟至熟。
7. 用铁夹子取出蒸好的苦瓜。
8. 锅注油加水、味精、鸡粉、盐、水淀粉。
9. 将芡汁浇在苦瓜上即可。

冬瓜鸡蓉百花展

制作时间 12分钟

材料 冬瓜350克，去壳熟鹌鹑蛋100克，鸡胸肉100克，西蓝花80克，红椒少许

调料 盐、味精、鸡粉、水淀粉各适量

食材处理

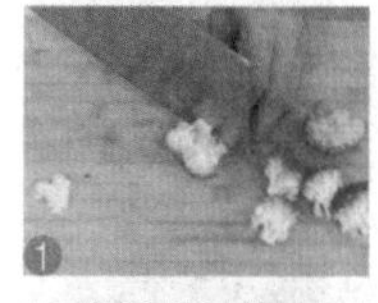

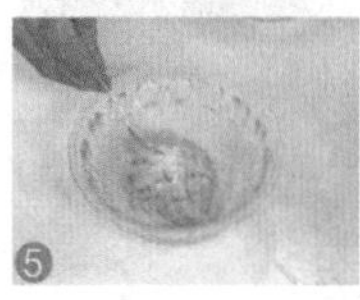

1. 将去皮洗净的冬瓜改刀切菱形块，取少许洗净的冬瓜皮，切丝备用；把洗净的西蓝花切朵。
2. 红椒切小菱形片；将洗净的鸡胸肉剁成肉蓉。
3. 用小刀将冬瓜块中心掏空备用；锅中倒入适量清水烧开，倒入冬瓜块；焯约1分钟至熟捞出。
4. 再放入西蓝花，加少许食用油拌匀；焯熟后捞出。
5. 鸡蓉加适量盐、味精、水淀粉拌匀，搅至起浆备用。
6. 冬瓜块掏空处抹上少许生粉，塞入鸡蓉；再放上冬瓜皮丝、红椒片，摆出花形。

做法演示

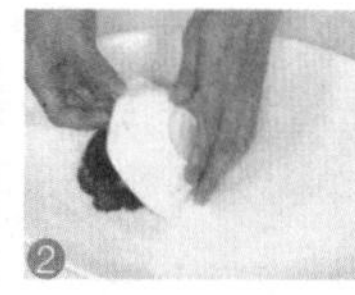

1. 将处理好的冬瓜块、鹌鹑蛋放入蒸锅蒸8分钟。
2. 将西蓝花扣入盘内。
3. 冬瓜、鹌鹑蛋蒸熟取出，摆入盘中造型。
4. 锅中倒入少许清水，加盐、味精、鸡粉、食用油煮沸，再加适量水淀粉搅匀制成稠汁。
5. 最后将稠汁浇于冬瓜、西蓝花、鹌鹑蛋上即成。

营养分析

冬瓜含有多种维生素和人体必需的微量元素，可调节人体的代谢平衡。冬瓜还能养胃生津、清降胃火，使人食量减少，促使体内淀粉、糖转化为热能，而不变成脂肪。久食还可保持皮肤洁白如玉，并可保持形体健美。

菠萝鸡丁

制作时间 5分钟

材料 鸡胸肉300克，菠萝肉200克，青、红椒各20克，蒜末、葱白各少许

调料 番茄汁、白糖、盐、水淀粉、味精各适量

食材处理

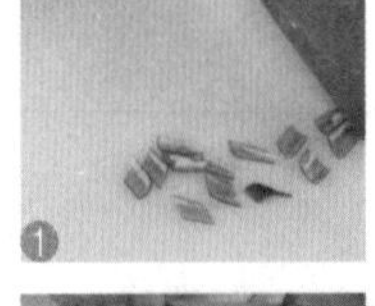

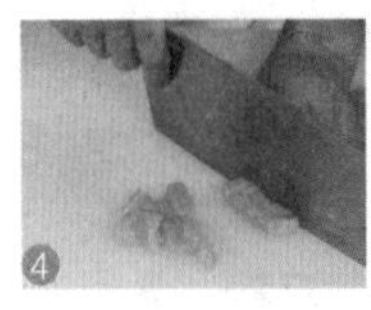

1. 将洗净的青椒切小片。
2. 洗净的红椒切小片。
3. 洗净的菠萝肉切大片，再改切成小丁。
4. 处理干净的鸡胸肉切成丁。
5. 鸡加盐、水淀粉、味精、油，腌渍约10分钟。

制作指导 切好的菠萝用盐水浸泡一下味道会更好。菠萝不宜翻炒过长时间，否则会影响其营养价值。

做法演示

1. 热锅注油，烧至四成热。
2. 倒入鸡丁滑油片刻捞出。
3. 锅底留油，加入蒜末、葱白。
4. 倒入切好的青椒、红椒。
5. 放入切好的菠萝炒匀，注上少许水煮沸。
6. 加番茄汁、白糖及少许盐调味；倒入鸡丁用水淀粉勾芡。
7. 淋入熟油拌匀盛出。
8. 装好盘即可。

炸蛋丝滑鸡丝

制作时间 5分钟

材料 鸡胸肉200克，韭黄50克，青、红椒各30克，胡萝卜30克，鸡蛋2个，姜丝、蒜末各少许

调料 盐、味精、水淀粉、料酒、食用油各适量

食材处理

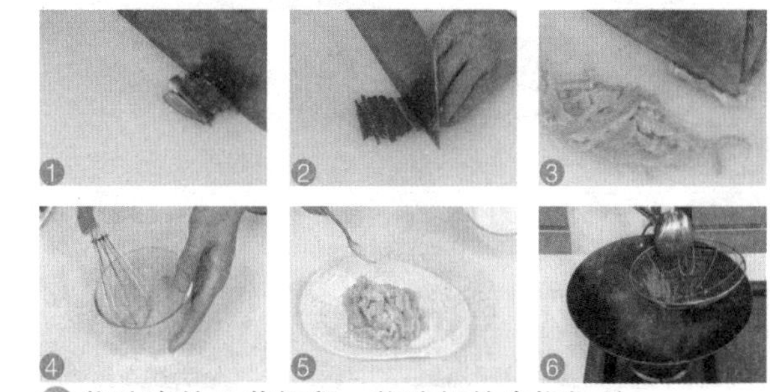

1. 将洗净的韭黄切段；将洗好的青椒切丝。
2. 将洗净的红椒切丝；去皮洗净的胡萝卜切丝。
3. 洗好的鸡胸肉切丝。
4. 将鸡蛋打入玻璃碗中；用打蛋器将鸡蛋打散备用。
5. 鸡肉加盐、味精、水淀粉、油拌匀腌10分钟。
6. 锅中加清水，放入胡萝卜。煮沸后捞出。

制作指导 在炸蛋丝时应掌握好火候，一边搅动蛋液，一边慢慢倒入已烧至三四成热的油锅中，这样炸出来的蛋丝口感更佳，入口即化。

做法演示

1. 锅加油烧热，倒蛋液搅散，炸成蛋丝，捞出。
2. 倒入肉丝，滑油片刻捞出。
3. 锅留油，放入姜蒜、青红椒、胡萝卜炒匀。
4. 加鸡肉、盐、味精、料酒，翻炒入味。
5. 倒入韭黄翻炒。加水淀粉炒匀，盛入盘中。
6. 再将炸好的蛋丝倒入盘内即可。

怪味鸡丁

制作时间 3分钟

材料 菠萝肉250克，鸡胸肉200克，青椒片、红椒片各30克，蒜末、姜片、葱各少许

调料 盐3克，白糖、味精、料酒、水淀粉、番茄汁、食用油各适量

食材处理

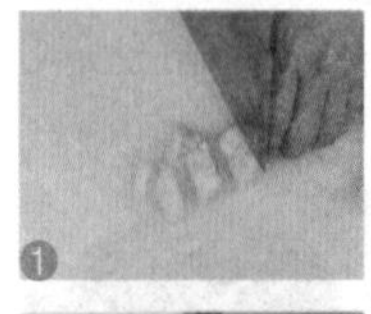

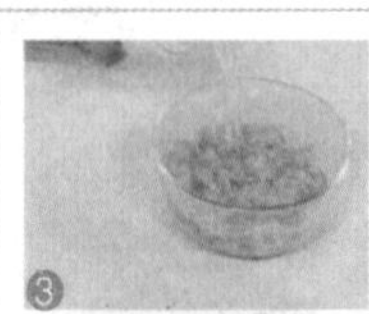

1. 菠萝肉切成丁。
2. 洗净的鸡胸肉切成丁。
3. 鸡丁加入少许盐、味精、水淀粉拌匀；再加入少许食油，腌渍10分钟。
4. 锅中注入清水烧开，倒入切好的菠萝；煮约1分钟，捞出备用。
5. 热锅注油，烧至四成热，倒入鸡胸肉。
6. 滑油至白色，捞出备用。

做法演示

1. 锅留油，倒入葱姜蒜、青椒、红椒，炒香。
2. 倒入菠萝、鸡丁炒匀至熟。
3. 加入适量料酒炒香。
4. 再加入盐、白糖、番茄汁，炒匀调味。
5. 加入少许水淀粉，快速翻炒匀。
6. 炒好后盛入盘内即可。

南瓜蒸滑鸡

材料 鸡肉500克，南瓜300克，姜片、葱白、葱花各少许

调料 盐3克，白糖2克，料酒、生抽、蚝油、鸡粉、生粉、食用油各适量

食材处理

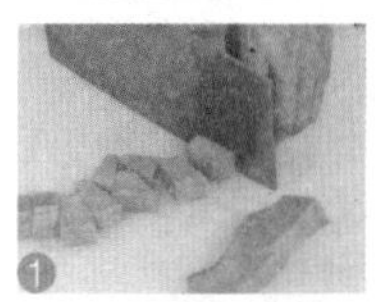

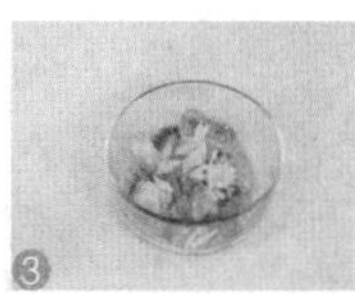

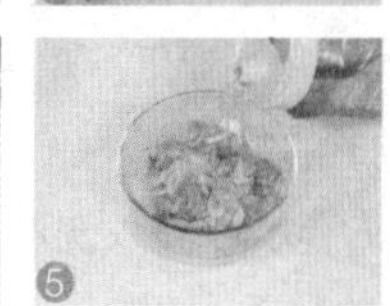

1. 将去皮洗净的南瓜切成块。
2. 洗净的鸡肉斩成块。
3. 鸡块盛入碗中，加入葱白、姜片。
4. 加生抽、盐、鸡粉、蚝油、白糖、料酒拌匀。
5. 加入生粉拌匀，倒入油，腌渍10分钟。
6. 将切好的南瓜摆入盘中，铺上腌渍好的鸡块。

做法演示

1. 把鸡块和南瓜放入蒸锅。
2. 加盖，中火蒸15分钟至熟透。
3. 揭盖，将蒸好的鸡块和南瓜取出，撒上葱花即可。

营养分析

南瓜含有蛋白质、淀粉、糖类、维生素、膳食纤维、钾、磷、铁、锌等成分，具有润肺益气、化痰、消炎止痛、降低血糖、止喘、美容等功效。

三杯鸡

制作时间 7分钟

材料 鸡肉500克，糯米酒150毫升，甘草3克，青椒、红椒、姜片、葱条各少许

调料 盐5克，鸡粉3克，白糖2克，生粉、生抽、老抽、料酒、食用油各适量

食材处理

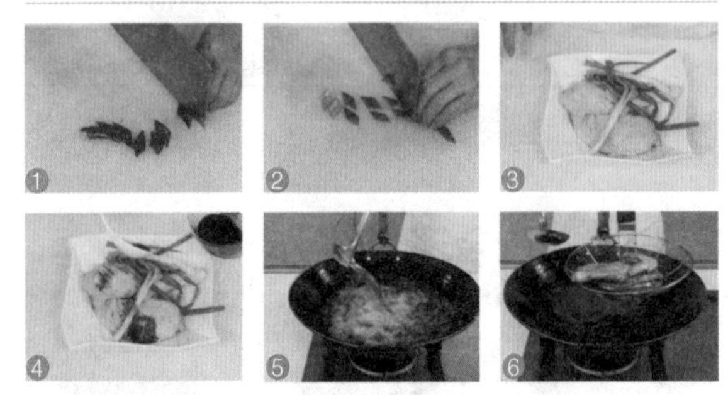

1. 红椒洗净切开，去籽，切成片。
2. 青椒洗净切开，去籽，切成片。
3. 鸡处理干净，切去鸡头和鸡爪，加姜片、葱条。
4. 加料酒、生抽、老抽拌匀，腌渍15分钟。
5. 热锅注油，烧至五成热，放入鸡炸约2分钟至金黄色。
6. 将炸好的鸡捞出沥油。

制作指导 炸鸡时，要把握好时间和火候，以免焦煳。

做法演示

1. 锅底留油，放入姜片、鸡爪、鸡头，加白糖炒匀。
2. 倒入糯米酒，加生抽搅匀。
3. 放入鸡，加少许清水，放入洗净的甘草。
4. 加盖，煮沸；放入盐、鸡粉调味。
5. 加盖，焖煮至鸡熟透。
6. 大火收汁，倒入青椒片、红椒片炒匀。
7. 将鸡取出，待凉斩成块，摆入盘中。
8. 原汤汁加适量生粉调成浓汁。
9. 把浓汁浇在鸡块上；再将青椒片、红椒片点缀在鸡块上。

荷叶鸡

制作时间 12分钟

材料 光鸡450克，生姜片7克，红枣4克，干荷叶3张，葱花少许

调料 鸡粉、盐、蚝油、料酒、生抽、枸杞、生粉、食用油各适量

食材处理

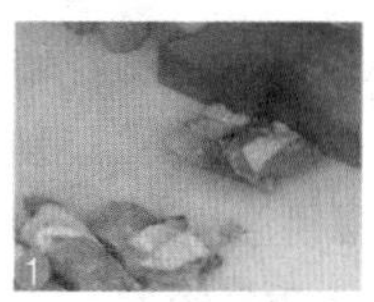
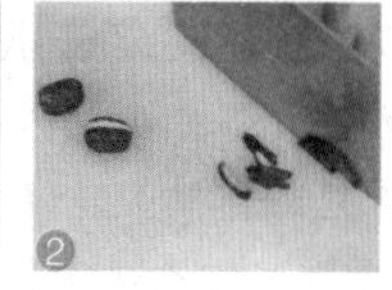

1. 鸡爪斩去爪尖，鸡肉斩块。
2. 将洗净的红枣切开，去核后切成丝。
3. 洗好的荷叶修成大片。

制作指导 蒸鸡的时间根据鸡的大小而定；荷叶最好用新鲜的，没有的话也可以用干的。

做法演示

1. 鸡块加适量鸡粉、盐、蚝油、料酒。
2. 再加入适量的生抽。
3. 倒入准备好的姜片、红枣、枸杞拌匀。
4. 撒入生粉拌匀。
5. 将鸡块放在荷叶上。
6. 转到蒸锅中。
7. 加盖蒸大约10分钟。
8. 蒸熟后取出。
9. 撒入备用的葱花，淋入少许熟油即成。

湛江白切鸡

制作时间 30分钟

材料 湛江鸡1500克，沙姜20克，生姜片10克，葱5克

调料 盐、鸡粉、白糖、味精、香油、花生油各适量

营养分析

鸡肉肉质细嫩，滋味鲜美，含有丰富的蛋白质、钙、磷、铁等营养成分，其消化率高，很容易被人体吸收利用。

制作指导 煮鸡的过程中，要几次控净鸡肚子里的水，以使鸡肉受热均匀，防止鸡皮破裂。熟鸡放入冷冰水中冷激，使之迅速冷却，可使皮爽肉滑。

做法演示

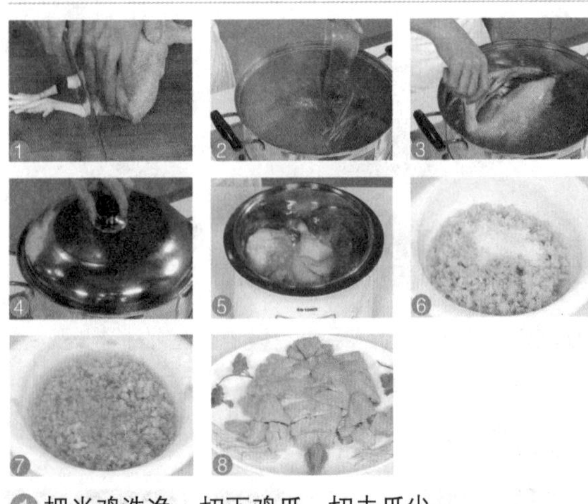

1. 把光鸡洗净，切下鸡爪，切去爪尖。
2. 蒸锅倒入半锅清水烧开；加入生姜片、葱、料酒；再加入适量的鸡粉、盐、味精煮沸。
3. 手提鸡头将鸡身浸入锅汆烫下控水重复数次。
4. 用小火煮大约20分钟。
5. 将鸡煮熟后取出；再放入冰水中浸没冷激2~3分钟。
6. 生姜切末加鸡粉、白糖、味精、盐、香油拌匀。
7. 锅加油烧七成热，热油淋入生姜末中制蘸料。
8. 熟鸡冷激好取出，均匀抹上香油，改刀斩块；装入盘中摆好，与蘸料一同上桌即成。

水晶鸡

制作时间 27分钟

材料 党参5克，枸杞子2克，光鸡1只

调料 盐、鸡粉、食用油各适量

食材处理

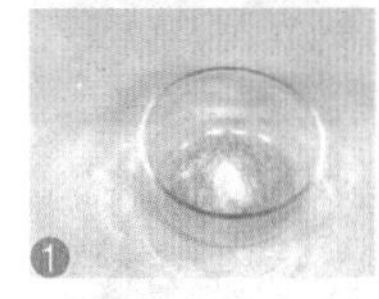
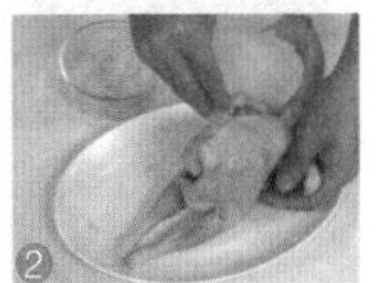

1. 鸡粉加少许盐拌匀。
2. 整鸡肉外用调好的鸡粉抹匀，再抹上花生油。
3. 放上备好的枸杞、党参。

营养分析

鸡肉含有对人体生长发育有重要作用的磷脂类、矿物质及多种维生素，有增强体力、强壮身体的作用。对营养不良、畏寒怕冷、贫血等症有良好的食疗作用。

制作指导 蒸鸡的时间视鸡的大小与火候大小而定，蒸的时间过长肉质会变老，时间过短则不熟。用筷子插入鸡肉中，若没有血丝、不粘筷子说明鸡肉已熟。

做法演示

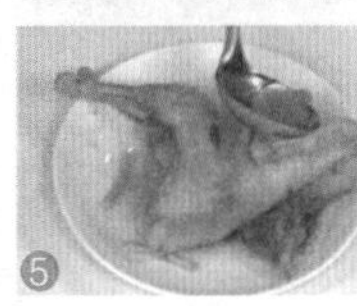

1. 蒸锅内加水烧开，放入整鸡。
2. 大火蒸25分钟至熟。
3. 揭开盖子。
4. 取出已经蒸熟的整鸡。
5. 淋入原汤汁即可食用。

奇味鸡煲

制作时间 8分钟

材料 鸡肉500克，土豆70克，洋葱50克，青蒜苗段20克，青、红椒各15克，蒜末、姜片、葱白各少许

调料 盐、味精、料酒、鸡粉、生抽、老抽、生粉、南乳、芝麻酱、海鲜酱、柱侯酱、辣椒酱、水淀粉、五香粉、食用油各适量

食材处理

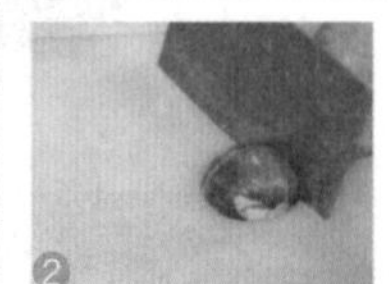
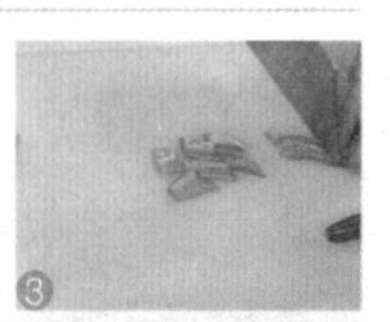
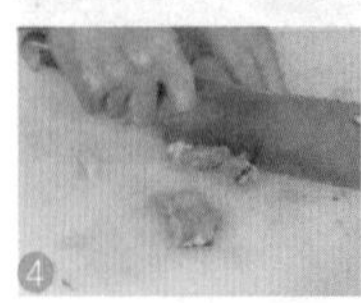

1. 将已去皮洗净的土豆切片。
2. 将洗净的洋葱切片。
3. 将青椒、红椒切片。
4. 再把洗好的鸡肉斩块。
5. 鸡加味精、料酒、生抽、盐、生粉拌匀腌10分钟。
6. 热锅注油烧至四成热，倒入鸡块滑油至断生。

做法演示

1. 锅留油倒入姜蒜葱、土豆、青红椒、洋葱炒匀。
2. 加入辣椒酱、柱侯酱、南乳、芝麻酱、海鲜酱炒香。
3. 倒入鸡块翻炒约1分钟。
4. 加少许料酒、老抽、盐、味精、鸡粉调味。
5. 倒入少许清水拌匀，煮沸。
6. 撒入五香粉拌匀，再加少许水淀粉拌匀。
7. 将锅中材料倒入砂煲，加盖小火煲开。
8. 揭盖，撒入洗好的青蒜苗段。
9. 端出即可。

菠萝鸡片汤

制作时间 3分钟

材料 鸡胸肉150克，菠萝肉100克，姜片、葱花各少许

调料 水淀粉10毫升，盐6克，鸡粉6克，胡椒粉、食用油、芝麻油、食用油各适量

食材处理

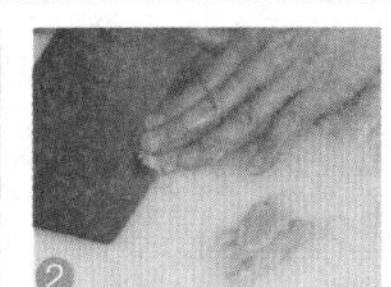

1. 菠萝肉切片。
2. 将洗净的鸡胸肉切薄片，装入碗中。
3. 肉片加盐、鸡粉、水淀粉、食用油拌匀腌10分钟。

制作指导 菠萝肉不可煮太久，否则会影响其爽脆口感以及成品外观。

做法演示

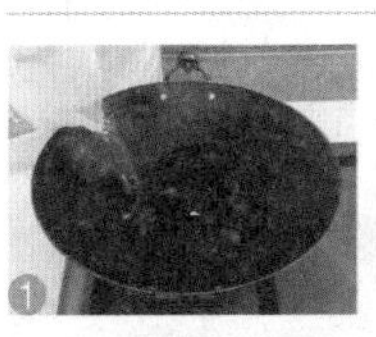

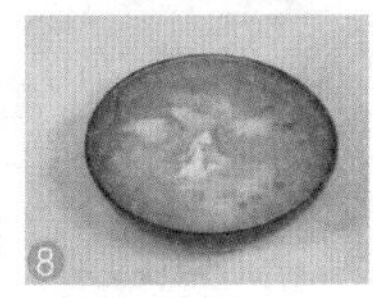

1. 锅中加约600毫升清水烧开。
2. 加入食用油、盐、鸡粉。
3. 倒入切好的菠萝肉煮沸。
4. 倒入肉片，拌匀，放入姜片。
5. 煮大约1分钟至熟。
6. 加胡椒粉、芝麻油。
7. 搅拌均匀。
8. 将做好的汤盛入碗中，撒上葱花即可。

虫草花鸡汤

制作时间 70分钟

材料 鸡肉400克，虫草花30克，姜片少许

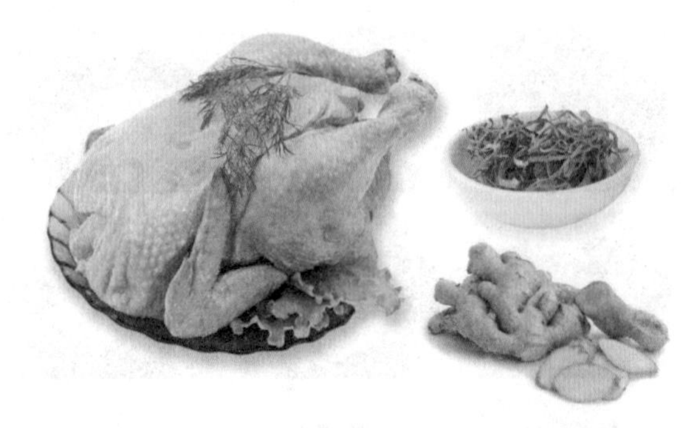

调料 盐、料酒、鸡粉、味精、高汤各适量

食材处理

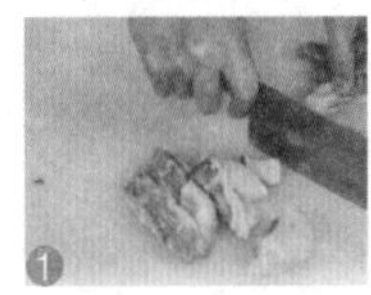

1. 将洗净的鸡肉斩块。
2. 锅中注入适量清水，烧开后放入鸡块。
3. 煮开后撇去浮沫捞出鸡块，过凉水装入盘中。

制作指导 用高汤调味时，加入少许啤酒，不仅会使鸡肉的色泽更好，还会增加鸡肉的鲜味。

做法演示

1. 另起锅，倒入适量高汤，淋入少许料酒。
2. 再加入鸡粉、盐、味精；搅拌均匀调味并烧开。
3. 将鸡块放入炖盅内。
4. 再放入姜片、洗好的虫草花。
5. 将调好味的高汤倒入盅内。
6. 盖上盖子。
7. 炖锅中加适量清水，放入炖盅，通电；加盖炖1小时。
8. 取出炖盅。
9. 稍放，待凉后即可食用。

枸杞红枣乌鸡汤

制作时间 62分钟

材料 乌鸡肉500克，红枣100克，枸杞子25克，葱结20克，姜片10克

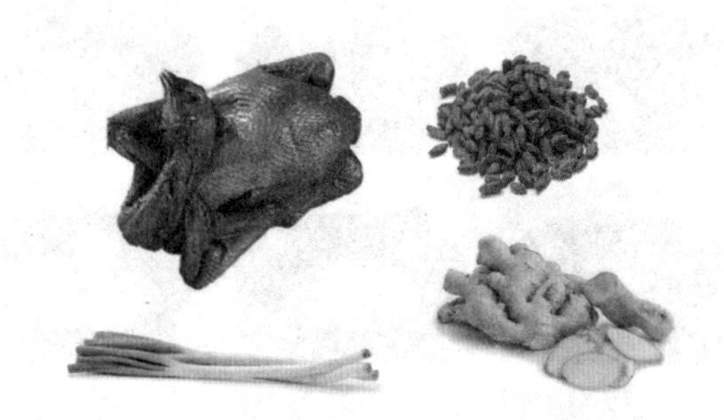

调料 鸡粉、盐、料酒各适量

食材处理

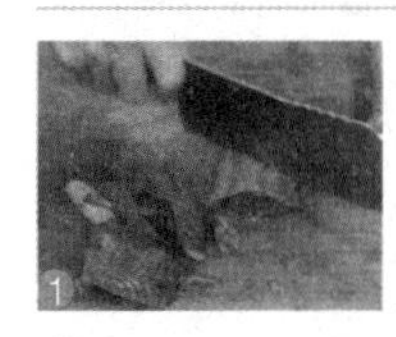

1. 处理干净的乌鸡肉斩块。
2. 锅中注水烧开，倒入乌鸡块。
3. 氽至断生捞出沥干。

制作指导 蒸制时水一次性放够，用大火蒸透。不能久蒸上水，否则汤味淡薄。

做法演示

1. 炒锅注油，烧至五成热；放入姜片、葱结爆香。
2. 倒入鸡块。
3. 加入少许料酒拌匀。
4. 再倒入适量的清水。
5. 再放入鸡粉、盐，大火煮沸。
6. 挑去葱结，捞去浮沫，放入红枣、枸杞。
7. 将锅中的材料盛入汤盅。
8. 放入蒸锅；加盖，蒸1小时至熟。
9. 汤炖好后取出即可。

药膳乌鸡汤

制作时间 65分钟

材料 乌鸡300克，姜片3克，党参5克，当归3克，莲子5克，山药4克，百合7克，薏米7克，杏仁6克，黄芪4克

调料 盐、鸡粉、味精、料酒、食用油各适量

食材处理

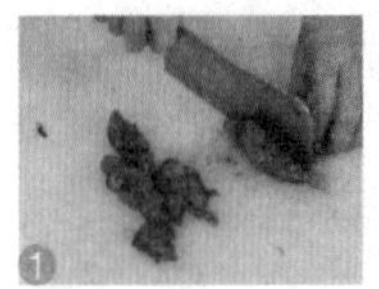

1. 将洗净的乌鸡斩成块。
2. 锅中注水，放入鸡块煮开。
3. 捞去浮沫，再将鸡块捞出。装入盘中备用。

制作指导 炖汤时，汤面上的浮沫应用勺子捞去，这样不但可以去腥还能使汤味更纯正。

做法演示

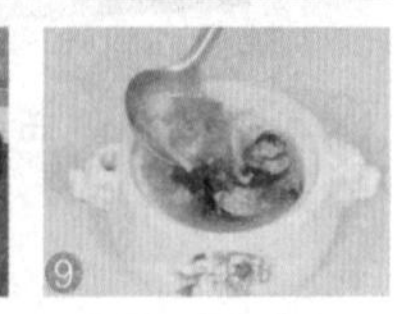

1. 炒锅注油，烧至五成热；倒入备好的姜片稍炒。
2. 再倒入鸡块。
3. 淋入少许料酒炒匀。
4. 再倒入适量的清水。
5. 把洗好的中药配料加入锅中。
6. 用锅勺拌匀。
7. 加盖，用慢火焖1小时。
8. 揭盖，加入盐、鸡粉、味精；拌匀调味。
9. 起锅，盛入碗内即可。

板栗煨鸡

材料 带骨鸡肉750克，板栗肉150克

调料 葱段、姜片、酱油、料酒、盐、淀粉、香油各适量，肉清汤750克

做法

1. 鸡肉洗净剁成块；油锅烧热，入板栗炸呈金黄色，倒入漏勺沥油。
2. 再热油锅，下鸡块煸炒，烹入料酒，放姜片、盐、酱油、清汤，焖3分钟，加板栗肉，续煨至软烂，加葱段，用淀粉勾芡，淋入香油，出锅装盘即成。

广东白切鸡

材料 鸡肉500克，青、红椒丝各适量

调料 葱末、香油各30克，姜末、生抽、料酒各20克，盐3克，味精2克

做法

1. 鸡肉洗净，汆水，切块，拌上料酒；辣椒丝焯水。
2. 辣椒丝与鸡肉装入盘中。
3. 将其余调味料做成调味汁，淋在鸡肉、辣椒丝上即可。

豉油皇鸡

材料 鸡肉450克，丝瓜100克，洋葱20克

调料 盐、味精各3克，酱油、豆豉、辣椒各10克

做法

1. 鸡肉洗净，切丁。
2. 辣椒、洋葱洗净，切丝。
3. 丝瓜洗净，去皮，切段，在入加了盐的沸水中烫熟。
4. 油锅烧热，入辣椒炸香，入鸡肉滑炒，加洋葱炒匀。
5. 用盐、味精、酱油、豆豉调味，盛盘，摆上丝瓜即可。

西芹鸡柳

材料 西芹、鸡脯肉各300克，胡萝卜1个

调料 酒1茶匙，淀粉、香油、胡椒粉、姜片、蒜片各适量

做法

1. 鸡脯肉切条，加入酒和少许盐拌匀，腌15分钟备用。
2. 西芹去筋，切菱形，用油、盐略炒，盛出；胡萝卜切片。
3. 锅烧热，下油爆香姜片、蒜片、胡萝卜片，加入鸡肉条、酒、香油、胡椒粉，放入西芹，用淀粉勾芡，炒匀即可。

腰果鸡丁

材料 鸡肉300克，腰果80克

调料 淀粉、料酒、盐、葱末、姜末、鸡汤、蒜末各适量

做法

1. 鸡肉洗净切丁，用淀粉上浆。
2. 油锅烧热，放鸡丁滑熟盛出。
3. 腰果入油锅炸至金黄色后，捞出沥油。
4. 另起锅加油烧热，下葱、姜和蒜爆锅，加入鸡汤、盐、料酒，烧开后放入鸡丁和腰果，勾芡，装盘即可。

红酒焖鸡翅

制作时间 4分钟

材料 鸡翅450克，红酒50毫升，葱结、姜片各20克

调料 盐、白糖、生抽、料酒、芝麻油各少许，食用油适量

食材处理

1. 鸡翅洗净，倒入葱结和少许姜片拌匀。
2. 加料酒、白糖、盐、生抽拌匀，腌渍15分钟
3. 锅中注入食用油烧热，放入腌好的鸡翅。
4. 搅拌一会儿，小火炸约1分钟至金黄色。
5. 捞出备用。

制作指导 炸鸡翅时，油温不宜过高，保持四五成热的油温最为适宜。

做法演示

1. 锅底留少许油，放入余下的姜片爆香。
2. 放入鸡翅。
3. 倒入红酒，再注入少许清水，加少许盐调味。
4. 盖上盖子，中火焖约1～2分钟至熟透。
5. 揭开盖，转大火收汁，淋入芝麻油炒匀。
6. 拣入盘中，摆好盘即成。

营养分析

鸡翅的胶原蛋白含量丰富，对于保持皮肤光泽、增强皮肤弹性均有好处。此外，鸡翅的肉质较多，对体质虚弱者有较好的补益作用。鸡翅内还含大量的维生素A，对视力、上皮组织及骨骼的发育都很有帮助。

红烧鸡翅

材料 鸡翅3个

调料 姜片、胡椒粉、盐、生抽、料酒、醋各5克，白糖3克，淀粉8克，红辣椒1个，蒜片6克，葱花3克

做法

1. 鸡翅洗净，切块；红辣椒洗净切菱形片。
2. 鸡翅加少许盐、胡椒粉、料酒腌渍约5分钟；锅中油烧热，下鸡翅炸至金黄，捞起沥干。
3. 锅中留油，加入蒜片、姜片、葱花爆香，放入鸡翅，调入盐、生抽、料酒、醋、白糖、淀粉、红椒片，加水煮至熟透即可。

烩鸡翅

材料 去骨鸡翅2个，山药30克，香菇1朵，油菜少许

调料 高汤100克，淀粉适量，酱油5克，蒜末少许，姜末少许，盐5克，料酒10克

做法

1. 鸡翅以盐、料酒、酱油、蒜末、姜末腌至入味；香菇切丝；山药去皮切条；油菜洗净。
2. 将鸡翅中段去骨肉的内侧沾上少许淀粉，塞入香菇、山药和油菜叶柄，再裹淀粉封口。
3. 将鸡翅入锅小火慢煎至金黄，加入高汤焖煮至汤汁收干即可。

梅子鸡翅

材料 鸡翅5个，紫苏梅7颗

调料 米酒8克，酱油6克，冰糖5克，葱花3克，姜片5克，九层塔适量，枸杞子10克

做法

1. 鸡翅洗净备用。
2. 热锅爆香葱花、姜片，再加入鸡翅炒至金黄色。
3. 加入紫苏梅及米酒、酱油、冰糖和适量水，以小火焖煮至收干汤汁。
4. 加入枸杞子、九层塔即可。

豉酱蒸凤爪

制作时间 25分钟

材料 鸡爪150克，青椒10克，豆豉2克，蒜末1克，姜片、葱条、香叶、八角、花椒、红曲米各少许

调料 盐3克，料酒、鸡粉、老抽、白糖、水淀粉、食粉、番茄酱、食用油各适量

食材处理

1. 锅中注入约1000毫升清水烧开，倒入鸡爪。
2. 加入少许食粉，煮沸后捞出。
3. 汆水后的鸡爪加入老抽拌匀上色。

做法演示

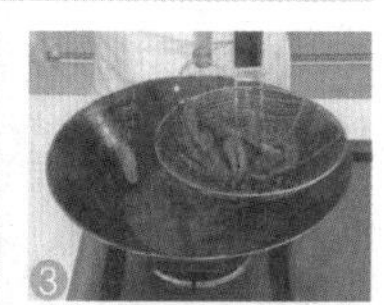

1. 热锅注油，烧至五成热，放入鸡爪；盖上锅盖，炸约1分钟，呈金黄色捞出；放入清水中浸泡。
2. 锅中注入200毫升清水，倒入姜片、葱条、香叶、八角、花椒、红曲米；加入盐、料酒、鸡粉、老抽拌匀烧开。
3. 倒入鸡爪；加盖，用慢火煮10分钟至入味；将卤好的鸡爪盛出；将爪尖切去。
4. 热油锅中倒入蒜末、豆豉爆香；倒入卤汁和番茄酱拌匀；倒入鸡爪。
5. 加入盐、白糖炒匀，中火煮约1分钟；加入少许水淀粉勾芡；加入青椒圈炒匀。
6. 将鸡爪取出装碟；把鸡爪放入蒸锅；加盖，蒸10分钟至熟软；揭盖，将蒸透的鸡爪取出；摆好盘即可。

蚝皇凤爪

制作时间 5分钟

材料 鸡爪300克，红椒粒、蒜末、葱花各少许

调料 水淀粉10毫升，盐5克，白糖2克，鸡粉2克，味精1克，料酒、老抽、蚝油、鲍鱼汁、食用油各适量

食材处理

1. 鸡爪洗净，淋入老抽拌匀上色。
2. 热锅注油，烧至六成热；倒入鸡爪，炸约2分钟至金黄色。
3. 将炸好的鸡爪捞出。
4. 烧开半锅清水，加盐、鸡粉、料酒、老抽；放入炸好的鸡爪。
5. 加盖，慢火焖煮15分钟；将鸡爪捞出。
6. 将爪尖切去。

做法演示

1. 用油起锅，倒入红椒粒、蒜末爆香。
2. 加少许清水、蚝油、鲍鱼汁拌匀煮沸。
3. 加少许老抽、白糖、盐、味精调味。
4. 倒入鸡爪烧煮约1分钟入味。
5. 加水淀粉勾芡。
6. 加少许熟油炒匀。
7. 用筷子夹出鸡爪，摆入盘内。
8. 浇上芡汁，撒上葱花即可。

白云鸡爪

材料 鸡爪适量

调料 姜、葱、大蒜、白醋、八角、盐、砂糖、上汤各适量

做法

1. 将上汤加入八角、盐、糖、白醋、姜、葱和蒜同煲滚，候凉放冰箱冷藏。
2. 将白醋加入滚水里，倒入鸡爪煲约 12 分钟，取出。
3. 把鸡爪浸在凉开水中约 2 小时，捞起沥干，放入备好的上汤内浸约 10 小时便成。

菌菇鸡爪眉豆煲

材料 鸡爪200克，多菌菇100克，眉豆30克

调料 花生油25克，精盐5克，鸡精3克，高汤适量，葱、姜各5克

做法

1. 将鸡爪用水浸泡，去趾甲，洗净。
2. 多菌菇浸泡去盐分洗净。
3. 眉豆洗净备用。
4. 净锅上火倒入花生油，将姜、葱炝香，倒入高汤，调入精盐、鸡精，加入鸡爪、多菌菇、眉豆煲至熟。

黑豆红枣鸡爪汤

材料 鸡爪3只，黑豆30克，红枣15克

调料 精盐5克

做法

1. 将鸡爪洗净汆水。
2. 黑豆、红枣用温水浸泡 40 分钟，洗净备用。
3. 汤锅上火倒入水，调入精盐。
4. 下入黑豆、鸡爪、红枣煲至熟即可。

虫草花鸭汤

制作时间 70分钟

材料 鸭肉500克，虫草花50克，姜片少许

调料 盐、鸡粉、鸡精、料酒、食用油各适量

食材处理

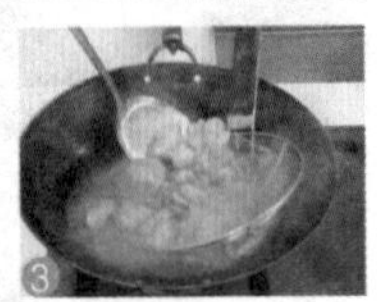

1. 将洗净的鸭肉斩块。
2. 锅中加水烧开，倒入鸭肉，加盖用大火煮。
3. 至鸭肉断生时，捞出备用。

制作指导 烹制鸭肉时，先将鸭肉用凉水和少许醋浸泡半小时，再用小火慢炖，可使鸭肉香嫩可口。

做法演示

1. 用油起锅，放入姜片爆香。
2. 倒入鸭块，加入料酒炒约2～3分钟。
3. 加适量清水，加盖煮沸。
4. 揭盖，捞去锅中浮沫。
5. 放入洗好的虫草花。
6. 将锅中所有材料及汤汁倒入砂煲中。
7. 加盖，用大火烧开，改小火炖1小时。
8. 揭盖，加入盐、鸡粉、鸡精调味即成。

白萝卜竹荪水鸭汤

制作时间 50分钟

材料 鸭肉500克，白萝卜300克，水发竹荪30克，葱结、姜片各少许

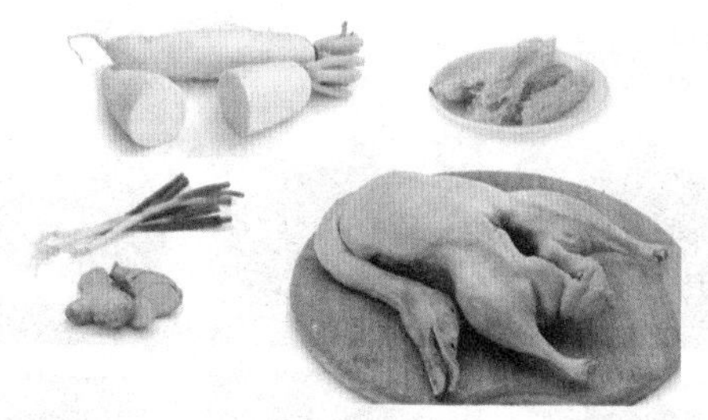

调料 盐3克，味精、鸡粉、胡椒粉、料酒、食用油各适量

食材处理

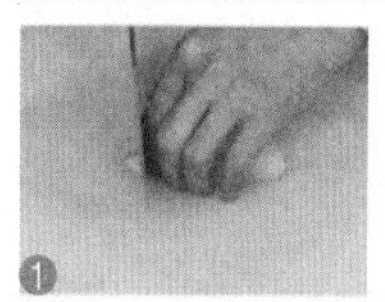
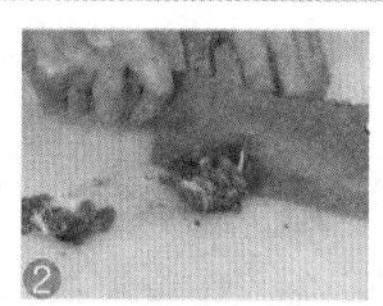

1. 将已去皮洗好的白萝卜切块。竹荪择去蒂。
2. 再将洗净的鸭肉斩块。
3. 锅中加水烧开倒入鸭块汆煮约2分钟断生捞出。

制作指导 炖鸭肉时，加入少许大蒜和陈皮一起煮，不仅能有效去除鸭肉的腥味，且还能为汤品增香。

做法演示

1. 炒锅注适量的油，烧热；用油起锅，放入洗好的葱结、姜片爆香。
2. 倒入备好的鸭块炒匀；淋入少量料酒炒香。
3. 加入足量清水，加盖煮沸。
4. 揭盖，倒入备好的白萝卜和竹荪煮沸。
5. 将白萝卜、鸭肉、竹荪及汤汁倒入砂煲中。
6. 加盖大火烧开，改小火炖40分钟至肉酥软。
7. 揭盖，捞出表面上的浮油。
8. 加入盐、味精、鸡粉、胡椒粉进行调味。
9. 拌匀即可。

沙参玉竹老鸭汤

制作时间 80分钟

材料 鸭肉300克，沙参、玉竹各5克，枸杞子2克，生姜片、葱结、料酒各少许

调料 盐、味精、胡椒粉各适量

食材处理

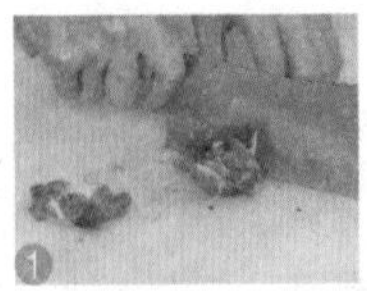

1. 将鸭肉洗净，斩块。
2. 锅加水倒入鸭块汆烫断生捞出用清水中洗净。

制作指导 烹制老鸭时，先将老鸭用凉水和少许醋浸泡半小时左右，再用微火慢炖，可使鸭肉香嫩可口。

做法演示

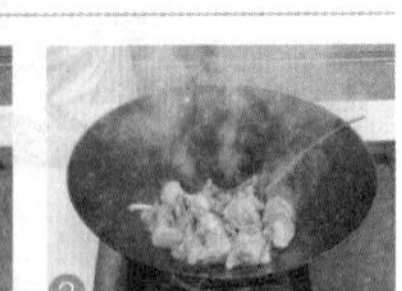

1. 炒锅注适量的油，烧热。
2. 用油起锅，放入洗好的葱结、姜片爆香。
3. 倒入鸭块、沙参、玉竹略炒。
4. 加少许料酒。
5. 加入适量清水，加盖大火烧开。
6. 转到砂煲，改用小火，加盖炖1小时。
7. 撒入枸杞、葱段，略煮即可。

薏米冬瓜鸭肉汤

材料 冬瓜300克，鸭肉100克，薏米25克

调料 色拉油20克，精盐4克，味精2克，葱、姜片各3克，香油2克

做法

1. 将冬瓜去皮、籽，洗净切成滚刀块；鸭肉斩块汆水冲净；薏米淘洗净用温水浸泡备用。
2. 净锅上火倒入色拉油，将葱、姜片炝香，下入鸭肉略炒。
3. 倒入水，下入冬瓜、薏米，调入精盐、味精煲至熟，淋入香油即可。

冬瓜鸭肉煲

材料 烤鸭肉300克，冬瓜200克

调料 精盐少许

做法

1. 将烤鸭肉斩成块。
2. 冬瓜去皮、籽洗净切块备用。
3. 净锅上火倒入水，下入烤鸭肉、冬瓜。
4. 调入精盐煲至熟即可。

胡萝卜马蹄鸭肉煲

材料 烤鸭肉350克，胡萝卜200克，马蹄100克

调料 精盐少许，味精、姜各3克

做法

1. 将烤鸭肉剁成块。
2. 胡萝卜洗净去皮切块。
3. 马蹄洗净也切块备用。
4. 炒锅上火倒入油，将姜炝香，下入胡萝卜、马蹄煸炒。
5. 倒入水，调入精盐、味精，再加入烤鸭煲至入味即可。

清汤老鸭煲

材料 老鸭450克，油菜10克

调料 精盐少许，葱、姜片各2克

做法

1. 将老鸭洗净斩块汆水。
2. 油菜洗净备用。
3. 净锅上火倒入水，调入精盐、葱、姜片。
4. 下入老鸭煲至熟。
5. 下入油菜稍煮即可。

鸭肉芡实汤

材料 鸭腿肉200克，芡实2克

调料 精盐3克，姜片5克

做法

1. 将鸭腿肉治净切小块汆水。
2. 芡实用温水洗净备用。
3. 净锅上火倒入水，调入精盐。
4. 下入鸭块、芡实、姜片烧开至熟即可。

银杏枸杞鸭肉汤

材料 鸭肉200克，银杏100克，枸杞子20克

调料 高汤适量，精盐少许，味精2克，葱段5克

做法

1. 将鸭肉洗净切丁。
2. 银杏、枸杞子洗净备用。
3. 炒锅上火倒入高汤，调入精盐、味精、葱段。
4. 下入鸭肉、银杏、枸杞子烧沸。
5. 打去浮沫，小火煲至熟即可。

鲍汁扣鹅掌

材料 卤鹅掌150克，西蓝花100克，鲍汁80克

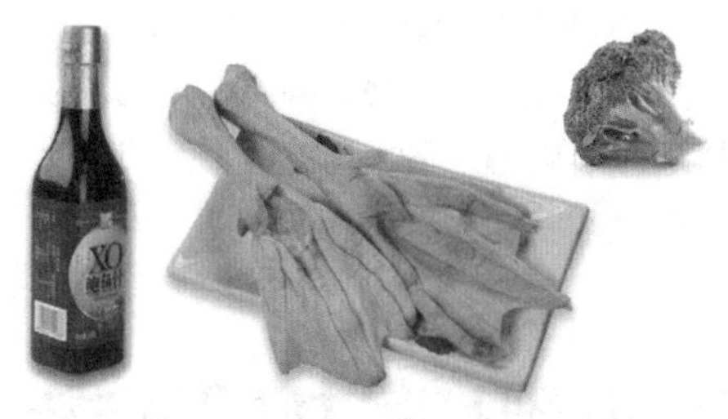

调料 盐、水淀粉、食用油各适量

食材处理

1. 锅中加清水，加少许食用油、盐拌匀。
2. 煮沸后倒入西蓝花。
3. 焯煮约1分钟，捞出。

制作指导 烹饪鹅掌时，先用高压锅将鹅掌压10分钟，可使肉质酥软、爽嫩。

做法演示

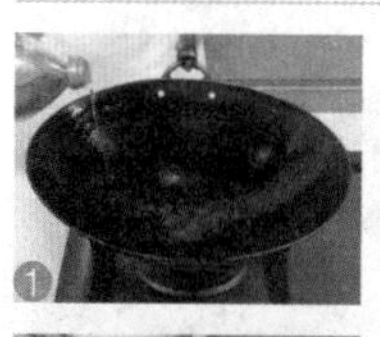

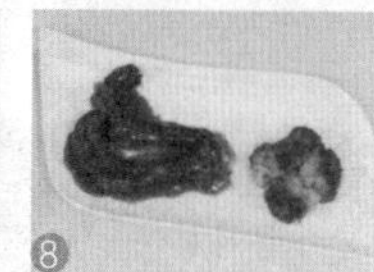

1. 炒锅内注少许油，烧热。
2. 倒入鲍汁。
3. 再倒入卤好的鹅掌。
4. 拌匀，烧煮约5分钟至软烂。
5. 加入水淀粉。
6. 用汤勺拌匀，再淋入少许熟油拌匀。
7. 关火，用筷子将鹅掌夹入盘中摆好。
8. 再把锅中原汁浇在摆好的鹅掌上即成。

卤水鹅片拼盘

材料 鹅肾、鹅肉各100克，鹅翅200克，豆腐2块

调料 盐5克，味精2克，酱油10克，卤汁300克

做法

1. 将鹅肉、鹅肾、鹅翅、豆腐洗净，分别切成片入油锅炸至金黄。
2. 把水烧开，将原料放入锅中烫熟，取出，再用凉开水冲 15 分钟，沥干。
3. 加入卤汁、盐和味精浸泡 30 分钟后切件，装盘，加酱油，淋上卤汁即可。

黄瓜烧鹅肉

材料 鲜鹅肉100克，黄瓜120克，木耳50克

调料 生姜10克，盐5克，料酒10克，胡椒粉少许，淀粉5克，香油、红椒丝各适量

做法

1. 鹅肉洗净切小块；黄瓜洗净切滚刀块；生姜去皮切片；木耳洗净泡发，切成小片。
2. 鹅肉块入沸水中汆去血水，捞出备用。
3. 烧锅下油，放姜、红椒、黄瓜、鹅肉爆炒，调入盐、料酒、胡椒粉，下木耳炒透，淀粉勾芡，淋上香油即可。

鲍汁鹅掌扣刺参

材料 刺参1条，鹅掌1只，西蓝花2朵，西红柿1个，鲍汁200克

调料 盐2克，味精3克，白卤水200克

做法

1. 刺参洗净，入水中煮 4 小时后取出，去肠洗净备用。
2. 鹅掌洗净入白卤水中卤 30 分钟后取出备用。
3. 西蓝花洗净入沸水中焯熟；西红柿洗净切成两半。
4. 以上材料摆盘，鲍汁中加入盐、味精，勾芡，淋在盘中即可。

脆皮乳鸽

制作时间 140分钟

材料 光乳鸽1只，草果、八角、桂皮、香叶、生姜片、葱各少许

调料 盐、味精、料酒、红醋、麦芽糖、生粉、食用油适量

食材处理

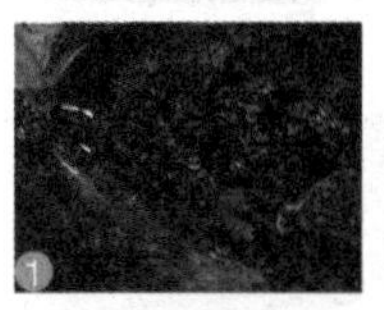

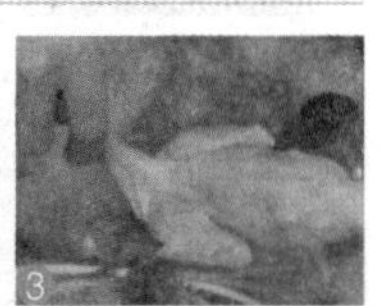
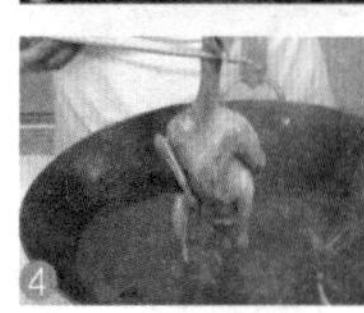
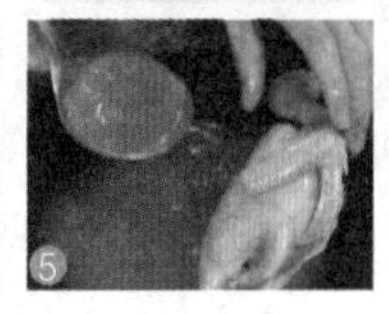
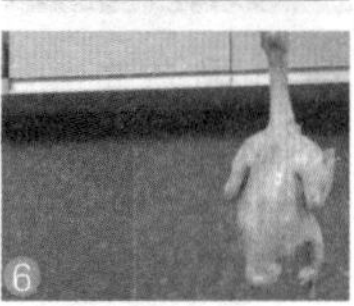

1. 锅中加清水，放入香料，加盖大火焖20分钟。
2. 加入味精、生姜、葱、盐、料酒煮沸制成白卤水。
3. 将乳鸽放入卤水锅中。
4. 加盖浸煮15分钟至熟且入味，取出。
5. 另起锅，倒入红醋、麦芽糖、生粉、乳鸽。
6. 再用竹签穿挂好，风干2小时。

做法演示

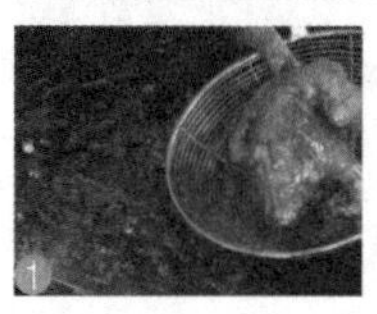

1. 锅注油烧六成熟放入乳鸽淋油1分钟呈棕红色。
2. 表皮酥脆即可捞出装盘。

制作指导 卤制乳鸽时，切勿用大火，以免将乳鸽肉皮煮烂，影响成菜美观。用微火卤制最佳。风干好的乳鸽下油锅后，不宜全身浸炸，否则肉质太老，口感欠佳，且乳鸽的肉皮也很容易炸焦，应用锅勺持续浇油最为合适，这样炸出来的乳鸽才酥脆爽口。

乳鸽煲

制作时间 3分钟

材料 乳鸽肉300克，蒜苗段、水发香菇各30克，蒜片、姜片各20克，青、红椒圈各20克

调料 蚝油、盐、味精、白糖、老抽、水淀粉、生抽、料酒、生粉、食用油各适量

食材处理

1. 将洗净的乳鸽肉斩块。
2. 切好的乳鸽装入碗中，加入生抽、盐、味精、料酒拌匀，再撒上生粉拌匀腌渍10～15分钟使其入味。
3. 热锅注油，烧至三四成热，放入蒜片。
4. 炸至金黄色捞出。
5. 锅留底油，倒入乳鸽。
6. 炸至断生后捞出。

做法演示

1. 炒锅注油，烧热；倒入蒜片、香菇、姜片。
2. 再倒入乳鸽，加入料酒拌匀。
3. 倒入少许清水；加蚝油、盐、味精、白糖拌匀，倒入老抽拌匀。
4. 倒入青椒圈、红椒圈。
5. 再倒入蒜苗段，加少许水淀粉。
6. 拌炒均匀。
7. 将炒好的乳鸽盛入砂煲，置于火上。
8. 加盖，用中火烧开。
9. 关火，端下砂煲即成。

百合红枣鸽肉汤

材料 鸽子400克，水发百合25克，红枣4颗

调料 精盐5克，葱、姜片各2克

做法

1. 将鸽子宰杀洗净斩块汆水。
2. 水发百合、红枣均洗净备用。
3. 净锅上火倒入水，调入精盐、葱、姜片。
4. 下入鸽子、水发百合、红枣煲至熟即可。

西洋参煲乳鸽

材料 乳鸽450克，西洋参10克，菜心6克

调料 精盐5克

做法

1. 将乳鸽治净斩块汆水。
2. 西洋参洗净。
3. 菜心洗净备用。
4. 净锅上火倒入水，调入精盐，下入乳鸽、西洋参煲至熟。
5. 下入菜心稍煮即可。

芡实桂圆鸽子煲

材料 鸽子1只（约450克），芡实100克，桂圆75克，红枣5克

调料 花生油35克，精盐5克，味精2克，葱、姜各3克

做法

1. 将鸽子宰杀，治净斩块、汆水。
2. 芡实、红枣洗净。
3. 桂圆去外壳洗净备用。
4. 净锅上火倒入花生油，将葱、姜炝香，加入水，调入精盐、味精。
5. 放入鸽子、桂圆、芡实、红枣煲熟即可。

蛋丝银芽

制作时间 5分钟

材料 绿豆芽200克，鸡蛋3个，红椒圈少许

调料 盐、食用油适量

食材处理

1. 鸡蛋打入玻璃碗内。
2. 用筷子搅散；加入适量盐，拌匀。
3. 锅中注入适量食用油，烧热。
4. 倒入蛋液。
5. 小火慢慢煎成蛋皮；按照同样的方法，将蛋液制成数张蛋皮。
6. 将蛋皮切成丝备用。

制作指导 1.绿豆芽很容易熟，因此烹饪时间不宜过长。2.炒绿豆芽时加少许白醋一起炒，可使绿豆芽口感更脆嫩，而且不易发黑。

做法演示

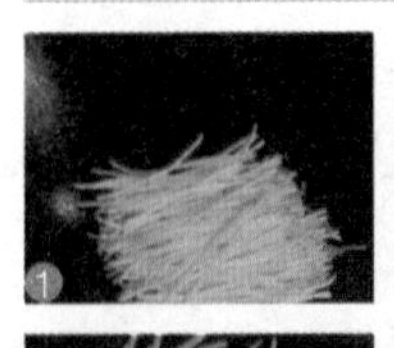
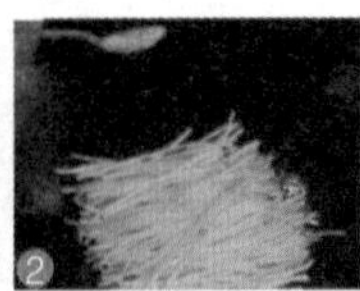
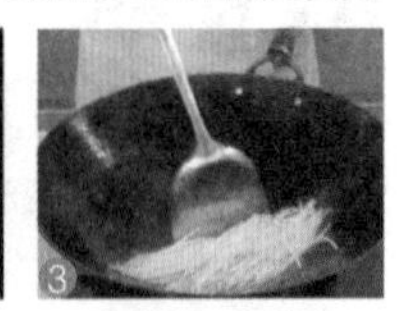
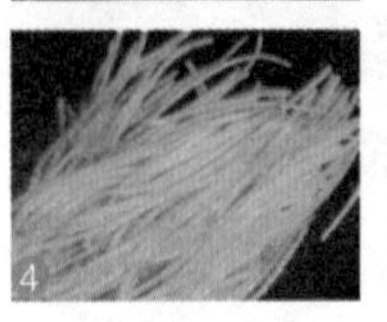
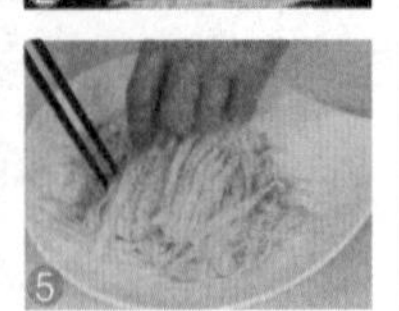
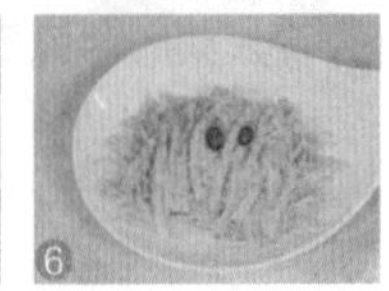

1. 锅中注油烧热，倒入绿豆芽。
2. 加入适量盐。
3. 炒大约1分钟至熟。
4. 将炒熟的豆芽盛入盘中。
5. 放上已切好的蛋丝。
6. 再撒上红椒圈即成。

营养分析

绿豆芽富含纤维素，是便秘患者的食疗佳蔬，有预防消化道癌症的功效。它还有防治心血管病变的作用。经常食用绿豆芽，还可清热解毒、利尿除湿。

蛋里藏珍

制作时间 5分钟

材料 西蓝花100克，金针菇50克，口蘑30克，火腿25克，鱿鱼20克，熟鸡蛋6个，姜末、葱末各少许

调料 盐、味精、水淀粉、蚝油、料酒、食用油各适量

食材处理

1. 用刀将去壳的熟鸡蛋掏孔；用勺子挖掉蛋黄，备用。
2. 把洗净的鱿鱼切丝后再切粒；加盐、味精、水淀粉拌匀，腌15分钟。
3. 火腿切丝后切粒。
4. 洗净的口蘑切片，再切丝，最后剁成粒状。
5. 洗净的金针菇切粒。
6. 洗净的西蓝花切瓣；浸泡于凉开水中。

做法演示

1. 锅中倒入清水烧开，加入食用油、盐、味精；倒入口蘑粒、金针菇粒，煮约1分钟。
2. 捞出后用毛巾吸干水分，盛盘备用。
3. 另起锅注水烧热，加油后倒入西蓝花；煮约1分钟，捞出备用。
4. 用油起锅，倒入姜末、葱末爆香；倒入火腿粒、鱿鱼粒炒匀。
5. 加料酒炒香；倒入金针菇粒和口蘑粒。
6. 加盐、蚝油、味精调味；起锅，盛入盘中备用。
7. 将西蓝花放入碗中；然后倒扣入盘中。
8. 将炒好的材料填入鸡蛋中；摆好盘即可。

苦瓜酿咸蛋

制作时间 10分钟

材料 苦瓜200克，咸蛋黄150克，咖喱膏20克

调料 鸡粉、盐、水淀粉、味精、白糖、食用油各适量

食材处理

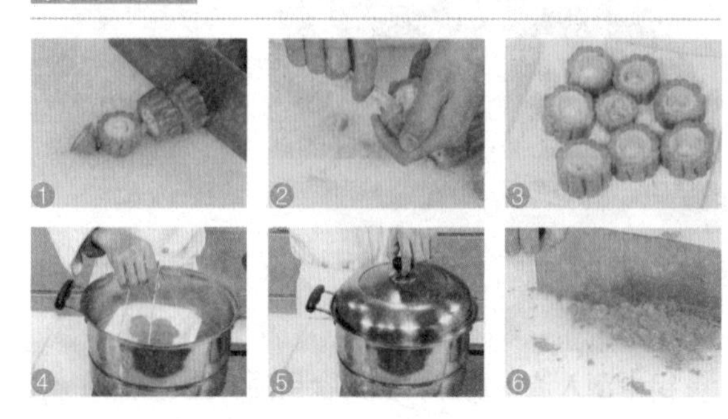

1. 将洗净的苦瓜切棋子形。
2. 将苦瓜籽掏去。
3. 装盘备用。
4. 咸蛋黄放入蒸锅。
5. 加上盖蒸约10分钟。
6. 取出蒸熟的蛋黄压碎，再剁成末备用。

制作指导 焯煮苦瓜时可在开水中放入适量的食粉，这样能使苦瓜保持翠绿而不泛黄。

做法演示

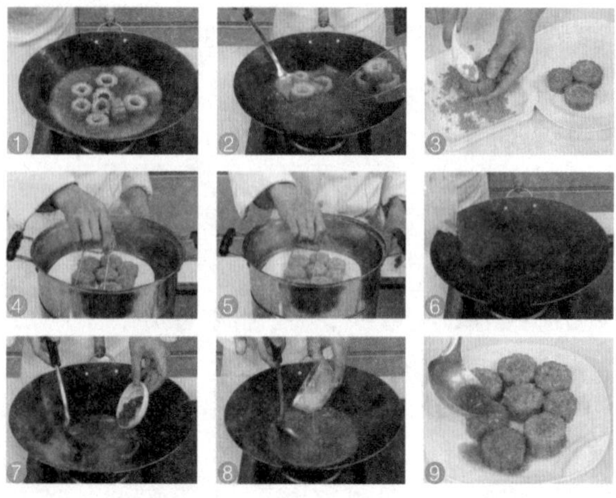

1. 锅中加清水烧开，加入食粉、盐；倒入苦瓜。
2. 煮约2分钟捞出。
3. 苦瓜稍放凉后塞入咸蛋黄末；整齐地摆在盘中。
4. 将酿好的苦瓜放入蒸锅。
5. 加盖蒸约5分钟至熟；揭盖，取出蒸好的苦瓜。
6. 用油起锅，倒入少许水。
7. 倒入咖喱膏、盐、味精、白糖拌匀。
8. 加入水淀粉勾芡，淋入熟油拌匀。
9. 将芡汁浇在苦瓜上即可。

豆浆蟹柳蒸水蛋

制作时间 12分钟

材料 豆浆300毫升，蟹柳40克，鸡蛋2个，葱花少许

调料 盐3克，鸡粉2克

食材处理

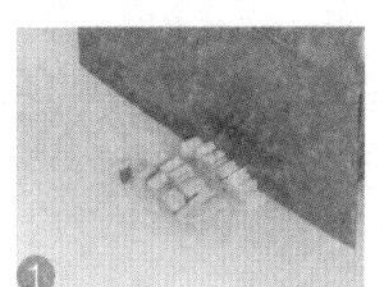

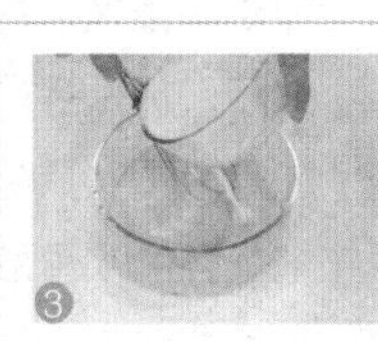

1. 蟹柳先切条，后切丁。
2. 鸡蛋打入碗中，加盐、鸡粉调匀。
3. 加入豆浆搅拌均匀。

制作指导 通常蒸蛋内会有蜂窝孔，有部分原因是打蛋技巧不佳让蛋液内产生气泡，因此打蛋时应顺一个方向不停地搅打，直至蛋液变得细滑，再下锅清蒸。

做法演示

1. 将调好的蛋液倒入碗中，放入蒸锅内。
2. 盖上锅盖，蒸约7分钟。
3. 揭盖，放入蟹柳丁。
4. 蒸大约3分钟，熟后取出。
5. 锅中加油烧热，将热油浇在蛋羹上。
6. 最后撒上葱花即可。

营养分析

女性多贫血，豆浆对贫血病人的调养作用比牛奶要强。中老年女性喝豆浆，可调节内分泌、延缓衰老；青年女性喝豆浆，则能美白养颜淡化暗疮。豆浆中所含的硒、维生素E、维生素C，有很大的抗氧化功能，能使人体的细胞“返老还童”，特别对脑细胞作用最大。

三鲜蒸滑蛋

制作时间 12分钟

材料 胡萝卜35克，虾仁、豌豆各30克，鸡蛋2个

调料 水淀粉10毫升，鸡粉6克，盐4克，味精3克，胡椒粉、芝麻油、食用油各适量

食材处理

1. 去皮洗净的胡萝卜切0.5厘米的厚片，切条，再切成丁；洗净的虾仁由背部切作两片，切成丁。
2. 虾肉加少许盐、味精、水淀粉拌匀，腌渍5分钟。
3. 锅中加约800毫升清水烧开，加少许盐；倒入切好的胡萝卜丁；加少许食用油；加入洗净的豌豆，拌匀，煮约1分钟。
4. 加入虾肉，煮约1分钟；将锅中的材料捞出备用。
5. 鸡蛋打入碗中；加少许盐、胡椒粉、鸡粉打散调匀。
6. 加入适量温水调匀；加少许芝麻油调匀。

做法演示

1. 取一碗，放入蒸锅，倒入调好的蛋液。
2. 加盖，慢火蒸约7分钟。
3. 揭盖，加入拌好的材料。
4. 加盖，蒸2分钟至熟透。
5. 把蒸好的水蛋取出。
6. 稍放凉即可食用。。

营养分析

虾仁含有丰富的蛋白质、脂肪、维生素及钙、磷、镁等矿物质，对心脏活动具有重要的调节作用，能很好地保护心血管系统，减少血液中胆固醇含量，有利于老年人预防高血压及心肌梗死。同时，虾的通乳作用较强，对孕妇有很大的补益功效。

鸡蛋炒干贝

材料 鸡蛋2个，干贝200克，酱萝卜100克

调料 盐3克，醋、生抽各8克，红椒适量，蒜苗少许

做法

1. 鸡蛋打散；干贝洗净，蒸熟，撕成细丝。
2. 酱萝卜洗净切片；红椒洗净切圈；蒜苗洗净切段。
3. 锅内注油烧热，下鸡蛋翻炒至变色后，加入酱萝卜、干贝、红椒、蒜苗炒匀。
4. 再加入盐、醋、生抽炒熟，装盘即可。

百果双蛋

材料 鸡蛋1个，鹌鹑蛋10个，银杏肉、银耳各5克，红枣、百合、木耳各3克

调料 盐、酱油各适量

做法

1. 银耳、红枣、木耳、百合、银杏肉洗净泡1小时。
2. 油锅烧热，放入泡好的材料，加酱油，炒熟装盘。
3. 鹌鹑蛋、鸡蛋分别入锅煎熟，放入盛有炒好的原材料碗中，加盐调味即可。

咸蛋苦瓜

材料 咸蛋2个，苦瓜1条，辣椒1个

调料 盐3克，葱段8克

做法

1. 咸蛋去壳，切小丁；辣椒洗净，切小块；苦瓜去子，洗净，切薄片，备用。
2. 锅中加油烧热，中火将咸蛋丁炒香，盛出。
3. 再加适量油，放入葱段、苦瓜、辣椒翻炒，调入盐，加入咸蛋丁，炒至水分完全干透即可。

黄金明月照翡翠

材料 苦瓜200克，咸蛋黄250克，带子250克

调料 盐4克，鸡精5克，淀粉10克

做法

1. 苦瓜去瓤，洗净，切丝。
2. 咸蛋黄入锅蒸15分钟。
3. 带子泡发备用。
4. 锅上火烧开水，分别将苦瓜丝和带子浸烫，捞出沥水。
5. 将苦瓜丝、带子、咸蛋黄放入锅中，加少许水煮沸，调入盐和鸡精搅匀，最后用淀粉勾芡即可。

苦瓜菠萝煲鸡

材料 咸菠萝60克，苦瓜100克，鸡肉300克

调料 姜30克，米酒5克，盐3克

做法

1. 咸菠萝洗净切片。
2. 苦瓜洗净，对半剖开，去籽，切厚片。
3. 姜去皮，洗净，切片备用。
4. 鸡肉洗净，切块，放入开水中氽去血水备用。
5. 锅中倒入适量水煮开，放入以上全部材料，煮至鸡肉熟烂。
6. 加入米酒、盐煮匀即可。

人参红枣鸽子

材料 鸽子1只，红枣8颗，人参1支

调料 精盐适量

做法

1. 将鸽子洗净剁成块。
2. 红枣、人参洗净备用。
3. 净锅上火倒入水下，入鸽子烧开，打去浮沫，调入精盐。
4. 下入人参、红枣，小火煲至熟即可。

灵芝核桃乳鸽汤

材料 党参20克，核桃仁80克，灵芝40克，乳鸽1只，蜜枣6颗

调料 盐适量

做法

1. 将核桃仁、党参、灵芝、蜜枣分别用水洗净。
2. 将乳鸽去内脏，洗净，斩件。
3. 锅中加水，大火烧开，放入准备好的材料，改用文火续煲 3 小时。
4. 加盐调味即可。

三鲜酿豆腐

材料 老豆腐300克，鸡脯肉末100克，鸡蛋1个，香菇、青豆、胡萝卜、火腿各50克

调料 姜、葱、胡椒粉、盐、生抽、水淀粉各适量

做法

1. 豆腐洗净后切成长方块，掏空中间部分。
2. 将鸡脯肉、香菇、青豆、胡萝卜、火腿、姜、葱切好调匀后，加入盐、胡椒粉、生抽调入味，填入豆腐块中。
3. 然后入平底锅中煎熟，摆入盘中，用少许盐、水淀粉勾芡，淋在豆腐块上即可。

木耳炒鸡蛋

材料 鸡蛋4个，水发木耳20克

调料 香葱5克，盐3克

做法

1. 鸡蛋打入碗中，加少许盐搅拌均匀。
2. 水发木耳洗净，撕成小片。
3. 葱洗净，切花。
4. 锅中加油烧热，下入鸡蛋液炒至凝固后，盛出。
5. 原锅再加油烧热，下入木耳炒熟后，加盐调味，再倒入鸡蛋炒匀，加葱花即可。

山药黄瓜煲鸭汤

材料 鸭块300克，山药150克，黄瓜50克

调料 花生油30克，精盐少许，味精、香油各3克，葱、姜各5克

做法

1. 将鸭块洗净，山药、黄瓜洗净切块备用。
2. 炒锅上火倒入花生油，将葱、姜爆香，倒入水，调入精盐、味精。
3. 下入鸭块、山药、黄瓜煲至熟，淋入香油即可。

山药菌菇炖鸡煲

材料 老鸡400克，菌菇150克，山药100克

调料 精盐少许，味精3克，高汤、葱、香各菜3克

做法

1. 将老鸡洗净斩块汆水，菌菇浸泡洗净，山药洗净备用。
2. 炒锅上火倒入油，将葱爆香，加入高汤，下入老鸡、菌菇、山药，调入精盐、味精，煲至熟，撒入香菜即可。

口蘑灵芝鸭子煲

材料 鸭子400克，口蘑125克，灵芝5克

调料 精盐6克

做法

1. 将鸭子洗净斩块氽水。
2. 口蘑洗净切块。
3. 灵芝洗净浸泡备用。
4. 煲锅上火倒入水，下入鸭子、口蘑、灵芝，调入精盐煲至熟即可。

百合西芹蛋花汤

材料 西芹100克，水发百合10克，鸡蛋1个

调料 精盐4克，香油3克

做法

1. 将西芹择洗净切丝，水发百合洗净，鸡蛋打入盛器搅匀备用。
2. 净锅上火倒入水，调入精盐，下入西芹、百合烧开。
3. 浇入鸡蛋液，煲至熟，淋入香油即可。

香菇鸡块煲冬瓜

材料 肉鸡250克，冬瓜125克，香菇20克

调料 精盐4克，酱油少许

做法

1. 将肉鸡洗净斩块氽水，冬瓜洗净去皮、籽切块，香菇洗净切块备用。
2. 净锅上火倒入水，调入精盐、酱油，下入肉鸡、冬瓜、香菇煲至熟即可。

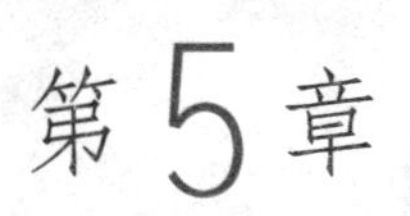

第5章 水产海鲜类

江河湖海中出产的动植物都可以称为水产品。水产品自古以来就深受人们的喜爱，其蛋白质含量丰富、胆固醇含量低，与禽肉、畜肉相比，对人体的营养补充更全面，多食有助于健康。

西芹炒鱼丝

制作时间 4分钟

材料 草鱼300克，彩椒70克，西芹35克，蒜末、姜丝各少许

调料 盐、味精、水淀粉、料酒、食用油各适量

食材处理

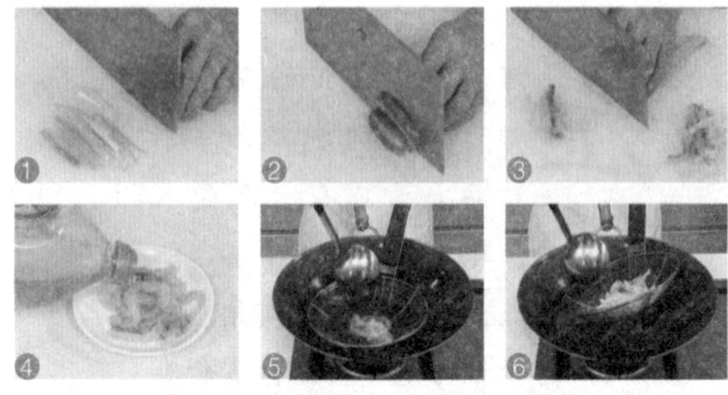

1. 将择洗干净的西芹切段，再切成细丝。
2. 彩椒洗净去蒂去籽再切成丝。
3. 草鱼去皮后剔去腩骨切薄片，再改切细丝。
4. 草鱼加盐、水淀粉、食用油、味精腌10分钟。
5. 用油起锅，烧至四成热，放入鱼丝。
6. 滑油片刻，至断生后捞出。

制作指导 鱼丝滑油时应注意油温不宜过高，以免影响鱼肉的鲜嫩口感。西芹不仅能提鲜同时还有压制鱼腥味的作用。

做法演示

1. 锅中留油。
2. 倒入蒜末、姜丝爆香。
3. 倒入彩椒、西芹炒香。
4. 淋入料酒。
5. 加入盐、味精调味。
6. 倒入草鱼丝。
7. 再用水淀粉翻炒至熟。
8. 出锅，盛入盘中即可。

豆豉蒸草鱼

制作时间 11分钟

材料 草鱼500克，豆豉30克，姜末、蒜末、红椒末、葱花、姜丝、葱丝、各少许

调料 料酒、蚝油、生抽、白糖、芝麻油、生粉、盐、豆豉汁、食用油各适量

食材处理

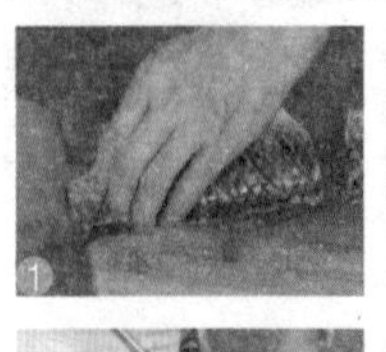
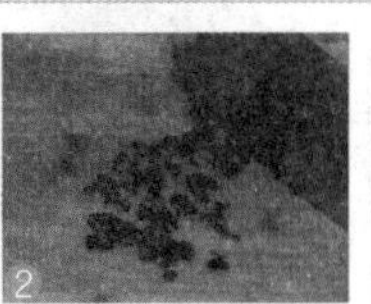
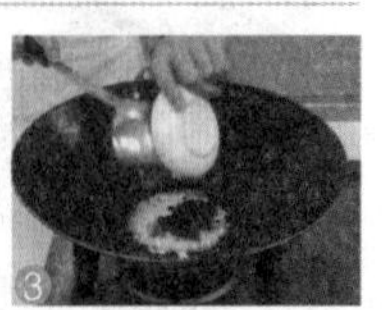

1. 将处理干净的草鱼切“一”字花刀。
2. 豆豉剁碎。
3. 起油锅，倒入姜、蒜、红椒、豆豉爆香。
4. 加料酒、蚝油、生抽炒匀。
5. 加入少许白糖；快速拌匀。
6. 将豆豉加入盐拌匀，再淋入芝麻油；再撒上生粉，拌匀。

做法演示

1. 鱼肉撒上盐，浇上豆豉汁。
2. 放入已预热好的锅中。
3. 加盖，大火蒸10分钟至熟。
4. 揭盖，从蒸锅中取出蒸好熟透的鱼。
5. 撒入姜丝、葱丝、葱花。
6. 最后淋上熟油即可。

营养分析

草鱼含有丰富的蛋白质、脂肪，并含有多种维生素，还含有核酸和锌，有增强体质、延缓衰老的作用，对于身体瘦弱、食欲不振的人来说，草鱼肉嫩而不腻，可以开胃、滋补。

菠萝鱼片

制作时间 3分钟

材料 草鱼肉400克，菠萝肉100克，蛋黄1个，青椒片、红椒片、姜片、蒜末、葱白各少许

调料 盐、味精、白糖、老抽、生粉、水淀粉、食用油各适量

食材处理

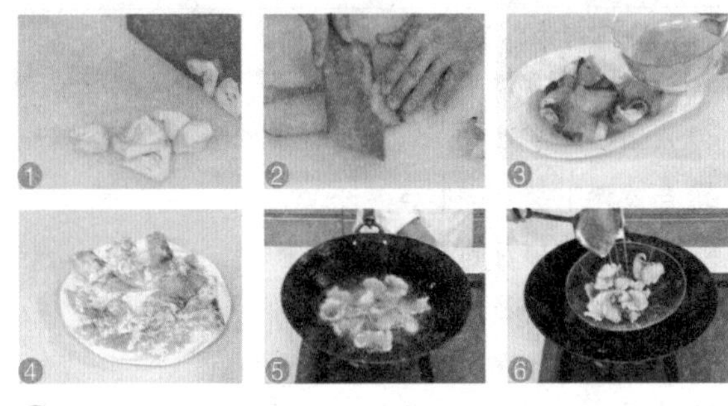

1. 将洗净的菠萝肉切片。
2. 洗好的草鱼去除脊骨、腩骨，鱼肉切成片。
3. 鱼片加少许盐、味精、蛋黄拌匀。
4. 撒入适量生粉裹匀。腌渍3～5分钟。
5. 锅置旺火，注油烧热，放入腌好的鱼片。
6. 中火炸约2分钟至熟后捞出。

做法演示

1. 起油锅，倒入蒜、姜、葱、青椒、红椒爆香。
2. 倒入菠萝片翻炒匀。
3. 再淋入少量的许清水。
4. 往锅里加入白糖、盐调味。
5. 倒入少许老抽上色。
6. 加入少许水淀粉勾芡。
7. 倒入鱼片搅拌炒匀。
8. 将做好的菜盛入盘内即可。

茄汁鱼片

制作时间 3分钟

材料 草鱼肉200克，番茄汁50克，蛋黄、青椒片、红椒片、蒜末、葱白各少许

调料 盐、味精、生粉、白糖、水淀粉、食用油各适量

食材处理

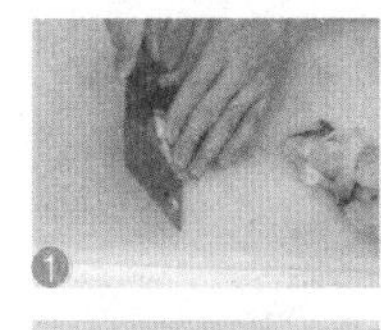

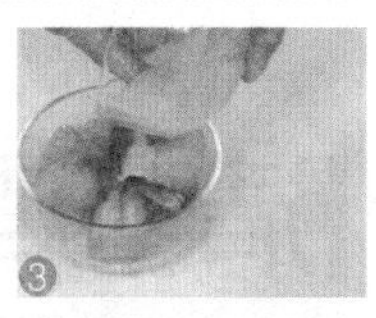

1. 将洗好的草鱼肉切片。
2. 鱼片装入碗里，加盐、味精拌匀。
3. 鱼片加入蛋黄拌匀。
4. 撒上生粉裹匀。腌渍3～5钟至入味。
5. 锅置旺火，注油烧热，放入鱼片。
6. 炸1分钟至熟捞出鱼片。

做法演示

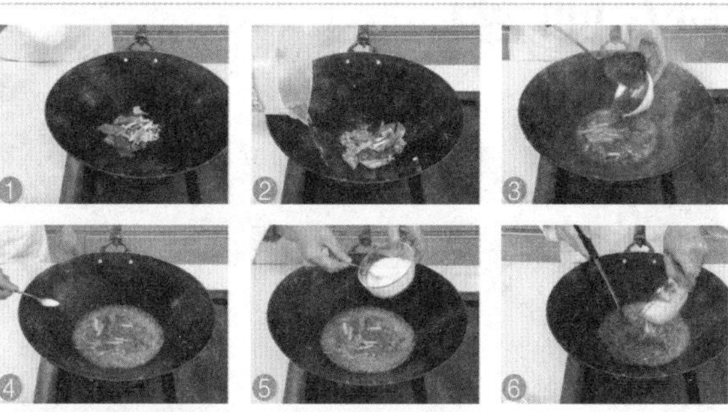

1. 起油锅，倒入蒜末、葱白、青椒、红椒爆香。
2. 再注入少量的清水。
3. 倒入番茄汁拌匀煮沸。
4. 锅中加入适量盐调味。
5. 再加入适量白糖调味。
6. 加入少许水淀粉勾芡。
7. 倒入鱼片翻炒匀，再淋入熟油拌匀。
8. 将做好的菜盛入盘内即可。

松鼠鱼

材料 草鱼1条，番茄酱10克

调料 糖3克，醋5克，盐3克，味精3克

做法

1. 草鱼治净，改十字花刀。
2. 将备好的鱼放入油锅炸至金黄色，捞出装盘。
3. 番茄酱、白糖、醋、盐、味精下锅炒成茄汁；将炒好的茄汁浇于草鱼上即成。

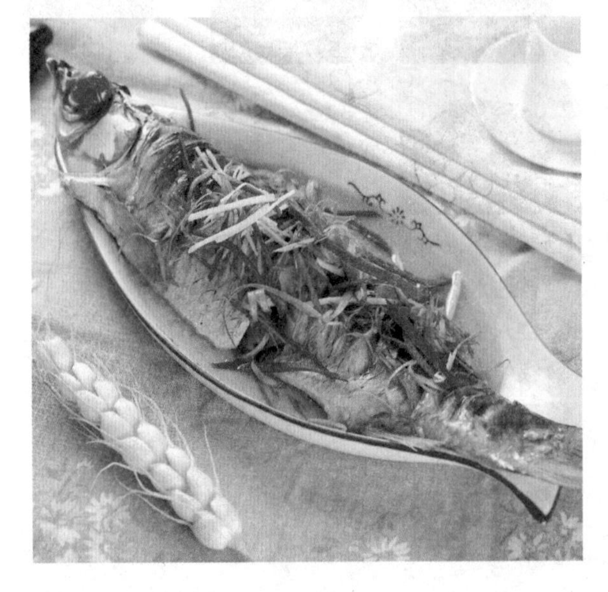

清蒸草鱼

材料 草鱼1条

调料 盐、胡椒粉、料酒、葱、姜、红辣椒各适量

做法

1. 草鱼治净，在鱼身上依次划几刀；姜切小段，放入划开的鱼身上，再将鱼放入碗内；将葱、红辣椒洗净切丝。
2. 鱼加入盐、胡椒粉、料酒，腌渍 5 分钟后放入蒸笼蒸 6 分钟。
3. 待鱼蒸熟后取出，撒上葱丝、红辣椒丝。
4. 锅内烧少许油，待油热后淋在鱼上即可。

豆豉小葱蒸鲫鱼

制作时间 17分钟

材料 鲫鱼500克，葱10克，豆豉5克，姜片少许

调料 盐3克，蚝油2克，鸡粉1克，白糖1克，生粉、食用油各适量

食材处理

1. 将宰杀处理干净的鲫鱼从中切成两段。
2. 装入盘中，撒上适量盐。
3. 洗净的葱切成葱花。
4. 将豆豉和姜片放入碗中；加入蚝油、鸡粉、白糖；淋入食用油，拌匀，再加入少许生粉拌匀。
5. 将拌好的豆豉和姜片均匀地铺在鲫鱼上。
6. 将鲫鱼放入炖盅内。

做法演示

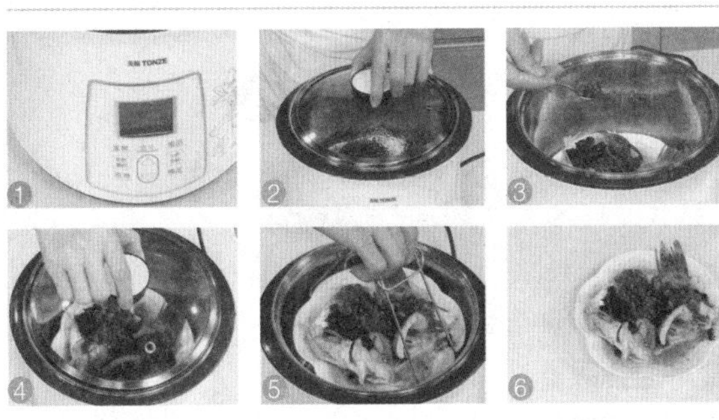

1. 选择炖盅“家常”功能中的“鱼类”模式。
2. 盖上盅盖，时间设定为15分钟。
3. 鱼蒸熟，揭开盅盖，加入葱花。
4. 加盖，再蒸约1分钟。
5. 揭开锅盖，将已经蒸好的鲫鱼取出。
6. 即可食用。

营养分析

鲫鱼所含蛋白质品质优，易于消化吸收，是肝肾疾病、心脑血管疾病患者的良好蛋白质来源，常食可增强抗病能力。鲫鱼还富含脂肪、碳水化合物、维生素A、维生素E等营养物质，具有健脾开胃、益气、利水、通乳之功效。

葱烧鲫鱼

材料 鲫鱼450克，葱白、葱段各25克，姜丝15克，红椒丝10克

调料 葱油、盐、蚝油、老抽、料酒、水淀粉、食用油各适量

食材处理

1. 鲫鱼宰杀处理干净，加料酒、盐抹匀。
2. 再撒上淀粉抹匀，腌渍10分钟。

制作指导 1.鲫鱼处理干净后，淋入少许黄酒腌渍，可以有效去除鱼的腥味，使鱼肉的滋味更加鲜美。2.炸好的鲫鱼入锅后，尽量不要翻动，等到汤汁沸腾后再用勺子舀些汤汁淋在鱼的身上，鱼就可保持完整的外形。

做法演示

1. 热锅注油，烧至五六成热；放入鲫鱼，炸约1分钟。
2. 继续炸约2分钟至鱼身两面呈金黄色。
3. 锅底留少量的油，倒入姜丝、葱白煸香；倒入适量清水加盐、蚝油、老抽、料酒煮沸。
4. 放入炸好备用的鲫鱼；加盖大火焖煮3分钟。
5. 揭盖，再煮片刻至熟透。
6. 盛出装盘。
7. 原汤汁加红椒丝、水淀粉调成芡汁。
8. 撒入葱段，加少许葱油拌匀。
9. 将芡汁浇在鱼身上即成。

葱焖鲫鱼

材料 鲫鱼约400克，葱段150克

调料 料酒、酱油、鲜汤、味精各适量，水淀粉15克

做法

1. 鲫鱼治净，切花刀。
2. 锅中注油烧热，下鲫鱼两面煎透。
3. 放入葱段煸出香味，加料酒、酱油、鲜汤、味精，以中火煮10分钟。
4. 用水淀粉勾芡，出锅装盘即可。

鲫鱼蒸水蛋

材料 鲫鱼300克，鸡蛋2个

调料 葱5克，盐3克，酱油2克

做法

1. 鲫鱼治净，切花刀，用盐、酱油稍腌；葱洗净切花。
2. 鸡蛋打入碗内，加少量水和盐搅散，把鱼放入盛蛋的碗中。
3. 将盛好鱼的碗放入蒸笼蒸10分钟，取出，撒上葱花即可。

鹌鹑蛋鲫鱼

材料 鹌鹑蛋20个，鲫鱼1条

调料 豆瓣酱8克，白糖和醋各少许，香油、盐各4克，淀粉适量，葱末、蒜末、姜末各5克

做法

1. 鲫鱼治净，剞花刀；鹌鹑蛋煮熟去壳。
2. 锅内放入油烧热，将鲫鱼放入锅内炸黄，捞出沥干油。
3. 在锅内留少许底油，放入姜、蒜末、葱、豆瓣酱炒香，加水烧沸。
4. 将渣捞去，放入鲫鱼、鹌鹑蛋煮5分钟，放入盐、白糖、醋，勾芡，淋香油。

沙滩鲫鱼

材料 鲫鱼1条，鸡蛋3个

调料 盐3克，胡椒粉3克，生抽5克，香葱2根

做法

1. 鸡蛋加少许盐、胡椒粉打散。
2. 鲫鱼治净，在鱼身两侧打“一”字花刀。
3. 葱洗净切花。
4. 锅中加油烧热后放入鲫鱼，撒少许盐，煎至呈金黄色后盛盘。
5. 将蛋液蒸至八成熟时取出，放入煎好的鲫鱼，继续蒸 5 分钟，撒上葱花，淋上生抽即可。

枸杞蒸鲫鱼

材料 鲫鱼1条，泡发枸杞20克

调料 姜丝、盐各5克，葱花6克，味精3克，料酒4克

做法

1. 将鲫鱼治净，用姜丝、葱花、盐、料酒、味精腌渍入味。
2. 将泡发好的枸杞子均匀地撒在鲫鱼身上。
3. 再将鲫鱼上火蒸至熟即可。

蘑菇豆腐鲫鱼汤

材料 豆腐175克，鲫鱼1条，蘑菇45克

调料 清汤适量，精盐4克，香油5克

做法

1. 豆腐洗净切块。
2. 鲫鱼治净斩块。
3. 蘑菇洗净切块备用。
4. 净锅上火，倒入清汤，调入精盐，下入鲫鱼、豆腐、蘑菇烧开。
5. 煲至熟，淋入香油即可。

胡萝卜鲫鱼汤

材料 鲫鱼1条，胡萝卜半根

调料 精盐少许，葱段、姜片各2克

做法

1. 鲫鱼治净，在两侧切上花刀。
2. 胡萝卜去皮洗净，切方丁备用。
3. 净锅上火倒入水，调入精盐、葱段、姜片，下入鲫鱼、胡萝卜煲至熟即可。

鲫鱼生姜汤

材料 鲫鱼1条，生姜30克，枸杞子适量

调料 精盐适量

做法

1. 将鲫鱼治净切花刀。
2. 生姜去皮洗净，切片备用。
3. 净锅上火倒入水，下入鲫鱼、姜片、枸杞子烧开。
4. 调入精盐煲至熟即可。

椒盐带鱼

制作时间 6分钟

材料 带鱼300克，面粉60克，蒜末、葱末、辣椒面、椒盐各少许

调料 盐、味精、老抽、辣椒油、食用油各适量

食材处理

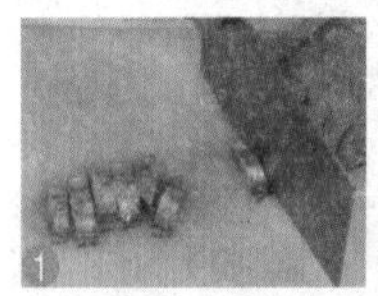

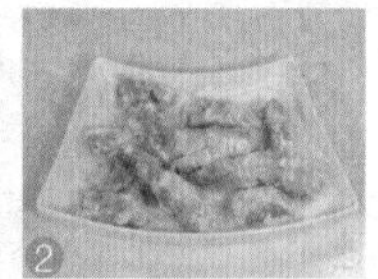

1. 带鱼处理干净洗净切块。
2. 装盘加盐、味精、老抽拌匀，撒上面粉裹匀。

制作指导 1.带鱼腥味较重，炒制时，加入少许白酒可去除腥味。2.炸带鱼时，若想炸出的带鱼更加酥脆，可采用两次炸制的方法。即先用温火温油炸透，捞出沥干，再开大火使油温升高，下入全部鱼段快炸一次。

做法演示

1. 热锅注油烧五六成热。
2. 放入带鱼拌匀，小火炸约2分钟至熟透捞出。
3. 锅留油，倒入姜蒜葱、辣椒面爆香。
4. 再倒入炸熟的带鱼炒匀。
5. 撒入适量椒盐。
6. 翻炒炒匀。
7. 再淋入少量辣椒油。
8. 将带鱼再拌炒均匀。
9. 盛出装盘，撒入葱花即可。

酱香带鱼

制作时间 8分钟

材料 带鱼450克，洋葱末、葱花、蒜末、红椒末各10克，面粉各少许

调料 姜汁酒、南乳、海鲜酱、盐、味精、白糖、生抽、水淀粉、食用油各适量

食材处理

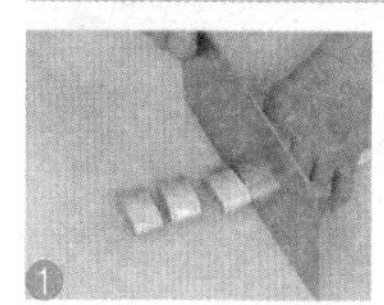

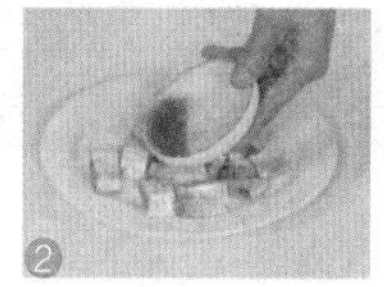

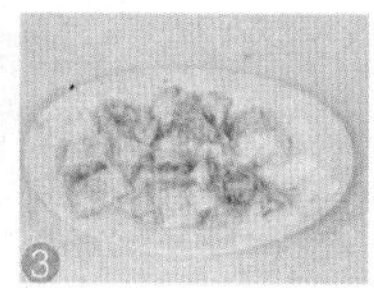

1. 处理干净的带鱼切成段。
2. 带鱼中加入姜汁酒、盐拌匀。
3. 再撒入面粉抓拌均匀。

制作指导 炸带鱼时，油温要保持在四五成热，而且还要用汤勺不停地搅拌，以免将鱼肉炸煳了。

做法演示

1. 锅中倒入食用油，烧至六成热，放入带鱼。
2. 搅拌均匀，炸至金黄色;捞出沥干油，备用。
3. 另起锅，注油烧热;放入洋葱末、蒜末、红椒末。
4. 加入海鲜酱、南乳炒香。
5. 注水烧开，加盐、味精、白糖、生抽调味。
6. 再倒入水淀粉调成酱汁。
7. 倒入已炸好的带鱼。
8. 翻炒均匀。
9. 盛入盘中，撒上葱花即成。

芹菜煎带鱼

材料 带鱼、芹菜各200克

调料 盐、味精各4克，酱油10克，葱丝、姜丝、红椒丝各25克

做法

1. 带鱼治净，切块。
2. 芹菜洗净，取茎切段。
3. 带鱼用少许盐、酱油、味精、姜、葱丝腌渍入味后，弃用姜和葱。
4. 油锅烧热，下入带鱼煎至黄色，放入芹菜、红椒，翻炒均匀后，调味即可。

陈醋带鱼

材料 带鱼300克，陈醋30克

调料 盐3克，酱油10克，红椒、葱白、香菜各少许

做法

1. 带鱼治净，切块；红椒、葱白洗净，切丝；香菜洗净。
2. 锅内注油烧热，将带鱼块煎至金黄色后，加入盐、酱油、陈醋翻炒入味，再加适量清水焖煮。
3. 至熟后起锅装盘，撒上葱白、红椒、香菜即可。

麒麟生鱼片

制作时间 20分钟

材料 生鱼1条，油菜、火腿片、生姜片、水发香菇片、水笋、葱条各适量

调料 盐、味精、鸡粉、料酒、白糖、水淀粉、生粉、蛋清、大豆油各适量

食材处理

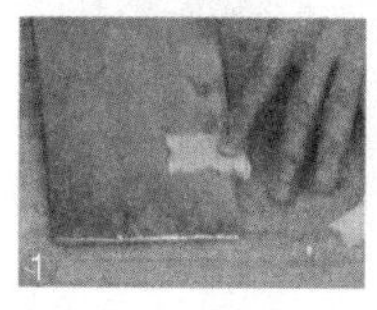
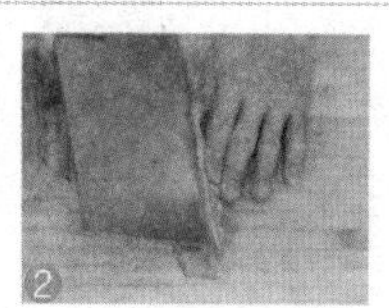
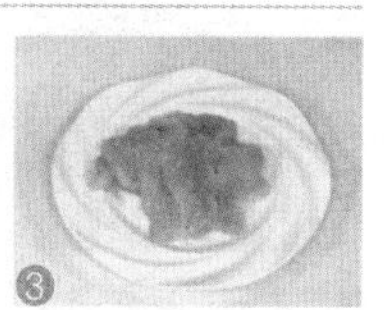

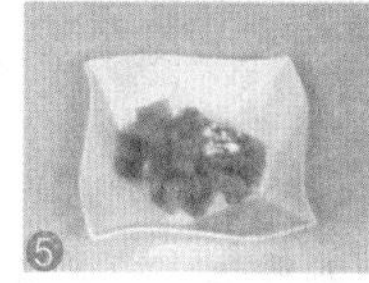

1. 水笋洗净，片成薄片；油菜洗净备用。
2. 将宰杀处理好的生鱼鱼头切下，剔去鱼骨，片取鱼肉。
3. 将鱼肉切成薄片，装入盘内。
4. 鱼头、鱼尾撒上盐、味精、水淀粉拌匀腌制。
5. 鱼片加盐、白糖、鸡粉、蛋清、生粉、料酒拌匀腌制。

做法演示

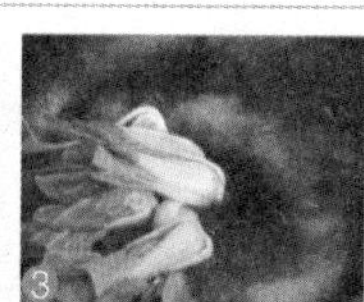

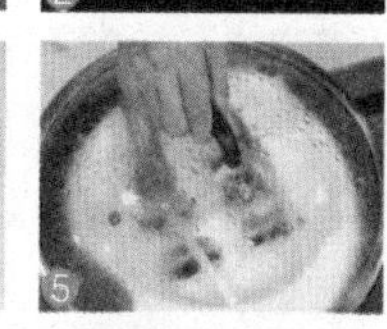

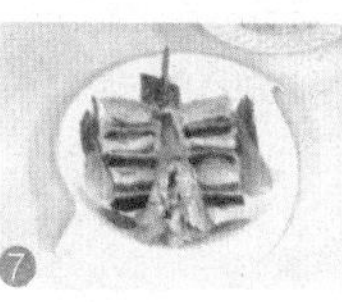

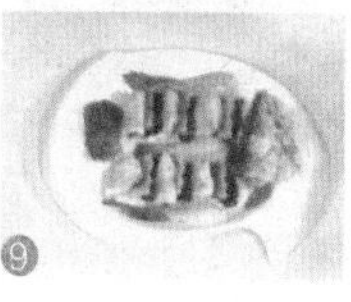

1. 将鱼头和鱼尾放入蒸锅，蒸5～6分钟至熟。
2. 锅加水、水笋、香菇、盐、鸡粉、料酒煮2分钟。
3. 锅中倒油，放入油菜拌匀浸透，焯熟捞出。
4. 将香菇、水笋、火腿、生鱼和姜依次叠入盘中。
5. 转到蒸锅，放入葱条。
6. 加盖蒸5～6分钟至熟透。
7. 去葱条。将蒸熟的鱼头、鱼尾摆入盘内摆上油菜。
8. 锅注油，加水、盐、味精、水淀粉，制成芡汁。
9. 将芡汁均匀地浇入盘中材料上即成。

吉利生鱼卷

制作时间 4分钟

材料 面包糠50克，火腿40克，水发香菇30克，生鱼1条，鸡蛋1个

调料 盐5克，味精3克，生粉、食用油适量

食材处理

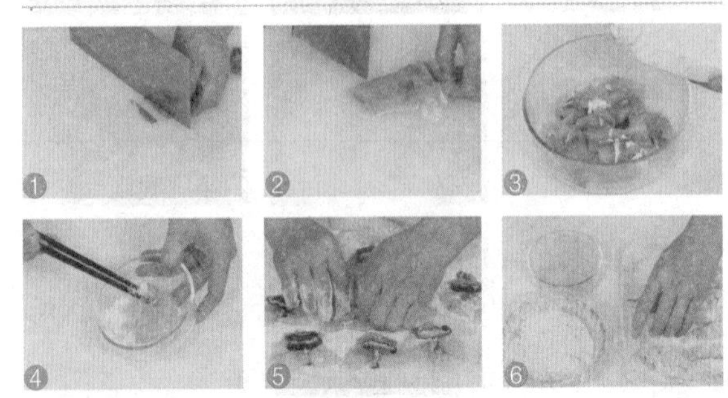

1 洗净的香菇切成条；火腿切成条。

2 将宰杀处理干净的生鱼，切下鱼头；生鱼剔去脊骨，切取鱼肉，再剔去腩骨；将鱼肉切双飞片。

3 鸡蛋打入碗内。

4 鱼片加盐、味精、蛋清拌匀；加生粉搅拌匀；鱼头鱼尾撒上盐，加生粉拌匀；鸡蛋加生粉拌匀；香菇丝加盐、油拌匀。

5 将鱼片摊开；放入火腿条、香菇条；卷起鱼片，撒上生粉捏紧。

6 将鱼卷生坯蘸上蛋液，裹上面包糠。

做法演示

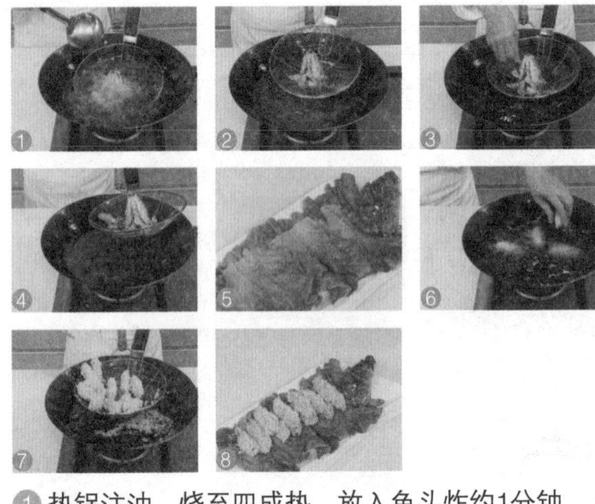

1 热锅注油，烧至四成热，放入鱼头炸约1分钟。

2 捞出炸熟的鱼头。

3 放入鱼尾。

4 炸熟捞出。

5 将炸好的鱼头、鱼尾装入盘中。

6 将鱼卷生坯放入油锅中，炸约1分钟。

7 捞出炸好的鱼卷。

8 摆入盘中即可。

生鱼骨汤

制作时间 15分钟

材料 生鱼骨400克，生菜50克，生姜片、芹菜各少许

调料 盐、鸡粉、味精、胡椒粉、食用油各适量

食材处理

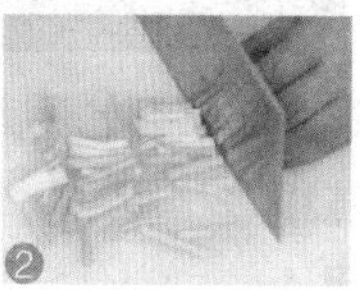
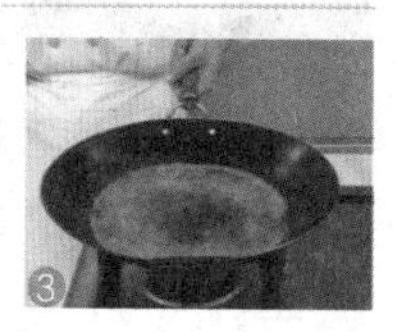

1. 将洗净的生鱼骨斩块。
2. 洗好的芹菜切小段。
3. 锅注水烧开。将烧好的水倒入大碗中备用。

制作指导 煎鱼骨时，宜用中小火，可边煎鱼骨边轻轻晃动锅子，这样不易粘锅，煲出的鱼汤味道也更鲜美。

做法演示

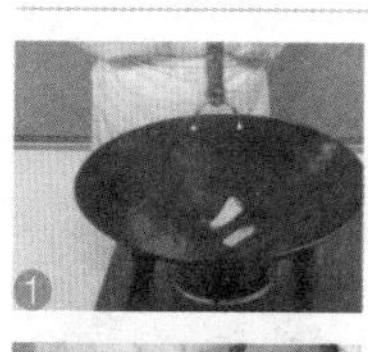

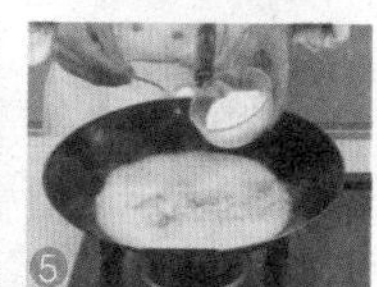

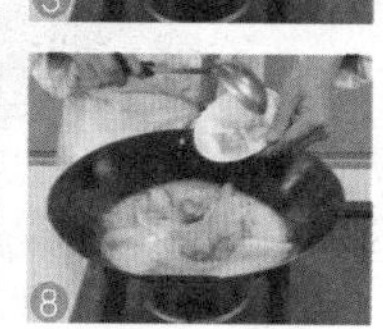
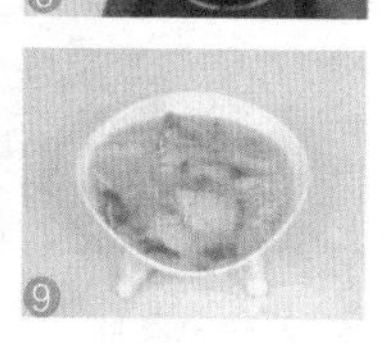

1. 热锅注油，放入生姜片煸香。
2. 倒入鱼骨；撒入少许盐。
3. 小火煎约2分钟至金黄色。
4. 倒入一碗煮好的开水，加盖煮大约10分钟。
5. 揭盖，加入盐、鸡粉、味精。
6. 再撒入胡椒粉拌匀。
7. 放入洗好的生菜略煮。
8. 再倒芹菜煮片刻至熟。
9. 最后盛入汤碗中即可。

鱼丸紫菜煲

制作时间 5分钟

材料 鱼丸180克，水发紫菜150克，姜片10克，葱花5克，枸杞子少许

调料 盐2克，鸡粉、味精、食用油各适量

食材处理

1. 锅中注水烧开，倒入洗好的鱼丸。
2. 汆烫片刻后捞出鱼丸。

制作指导 泡发紫菜时，应换1～2次水，以彻底清除紫菜中掺杂的杂质。

做法演示

1. 另起锅，注入适量水烧开，倒入鱼丸。
2. 加盐、鸡粉、味精。
3. 再倒入少许食用油。
4. 放入洗好的紫菜，煮2～3分钟至熟透。
5. 放入洗好的枸杞、姜片，拌匀，煮片刻。
6. 将锅中的材料盛入砂煲。
7. 将砂煲放置在炉灶上，用小火煲开。
8. 揭开砂煲盖，撒入葱花。
9. 关火，取下砂煲即可。

木瓜红枣生鱼汤

制作时间 45分钟

材料 生鱼1条，红枣6克，陈皮3克，木瓜100克，生姜片少许

调料 盐、鸡粉、味精、料酒、大豆油各适量

食材处理

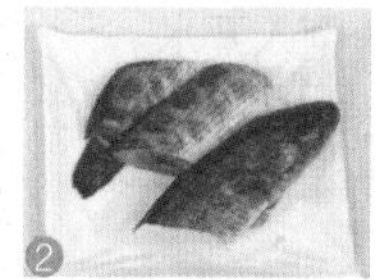

1. 木瓜去皮洗净切块。
2. 生鱼宰杀洗净切段装盘。

制作指导 煎鱼时，宜用中小火，边煎鱼边轻轻晃动锅子，这样鱼皮不易粘锅，且还能去除鱼的腥味，煲出的鱼汤味道也更鲜美。

做法演示

1. 锅中倒入少许大豆油，放入姜片爆香。
2. 倒入生鱼段，两面煎至焦香。
3. 淋入少许料酒去腥，注入足量清水，加盐。
4. 加盖煮沸。
5. 放入红枣、陈皮、生姜片、木瓜拌匀烧开。
6. 转到砂煲。
7. 加盖小火炖40分钟至汤汁呈奶白色。
8. 汤呈奶白色，加盐、鸡粉、味精，捞去浮沫。
9. 端出即可。

天麻鱼头汤

制作时间 11分钟

材料 鱼头250克，姜片20克，天麻5克，枸杞子2克

调料 盐、鸡粉、食用油各适量

食材处理

1. 锅置旺火上，注油烧热，放入姜片爆香。
2. 再放入洗净的鱼头，煎至两面焦黄。
3. 煎好后盛入盘内备用。

制作指导 煎鱼头时，用油量不宜太多，以免成品过于油腻，影响口感。

做法演示

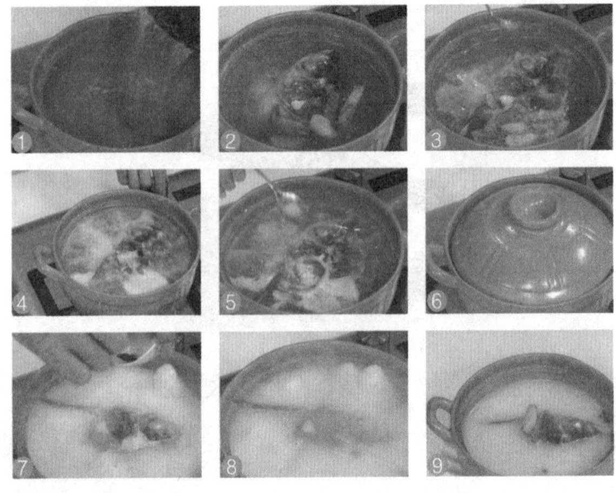

1. 取干净的砂煲，倒入开水。
2. 放入天麻、姜片和鱼头。
3. 加入少许盐。
4. 用大火煲开。
5. 再加入少许鸡粉调味。
6. 盖上锅盖，转中火再炖8分钟。
7. 揭开锅盖，放入枸杞子。
8. 继续用中火炖煮片刻。
9. 关火，端下砂煲即成。

香煎池鱼

制作时间 5分钟

材料 池鱼200克，生姜、葱段各少许

调料 盐、味精、胡椒粉、料酒、生抽、食用油各适量

食材处理

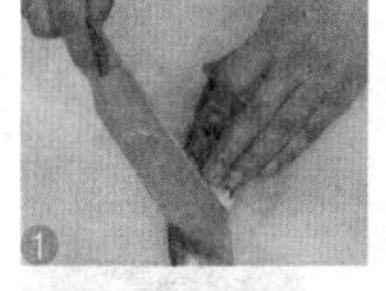

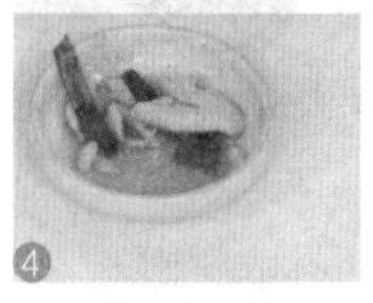
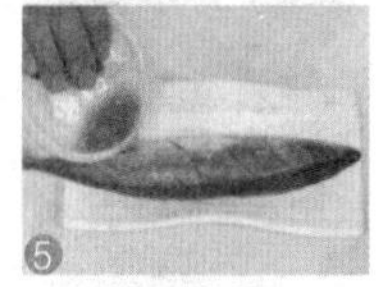

1. 将宰杀洗好的池鱼两面打上一字花刀。
2. 将洗净的生姜拍破。
3. 池鱼加盐、味精和胡椒粉腌渍片刻。
4. 生姜和葱段加入料酒挤出汁，即成葱姜酒汁。
5. 葱姜酒汁淋在池鱼两面，腌渍10分钟至入味。

制作指导 池鱼切一字花刀时，不要切得太深，否则鱼肉容易煎散。池鱼入锅时，油应烧至八成热，这样可防止鱼破皮。另外，池鱼煎至两面金黄色时，可添加适量食用油，继续浸炸片刻，可使之外酥里嫩。

做法演示

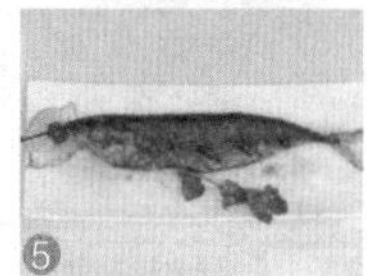

1. 起锅，注入食用油烧热。
2. 八成熟时，放入池鱼煎制。
3. 两面均煎至金黄色。
4. 淋入少许生抽，煮片刻直至池鱼入味。
5. 将池鱼盛入盘内即成。

豆豉鲮鱼炒苦瓜

制作时间 5分钟

材料 苦瓜150克，豆豉鲮鱼80克，蒜末、胡萝卜片各少许

调料 盐、味精、白糖、水淀粉、食用油各适量

食材处理

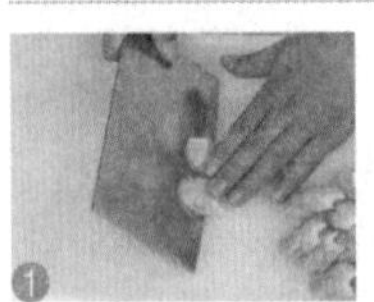
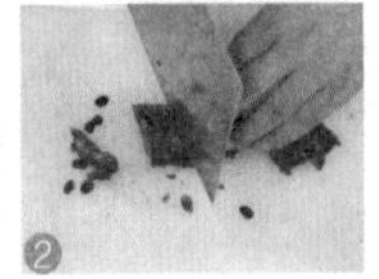

1. 将洗净的苦瓜切片。
2. 豆豉鲮鱼切成小块。

制作指导 烹饪前，将苦瓜放入盐水中浸泡片刻，可以减轻苦瓜的苦味。

做法演示

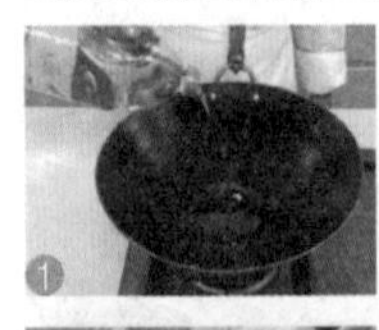

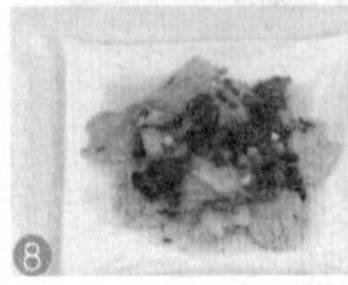

1. 起锅，注食用油烧热。
2. 放入切好的蒜末煸香。
3. 倒入切好的苦瓜翻炒。
4. 再倒入豆豉鲮鱼拌炒熟。
5. 加入适量盐、味精、白糖调味炒匀。
6. 加入适量水淀粉勾芡。
7. 最后淋入少许熟油翻炒。
8. 将做好的菜盛出装盘即成。

时蔬炒墨鱼

制作时间 3分钟

材料 西葫芦200克，墨鱼100克，胡萝卜80克，洋葱50克，红椒30克，蒜末、姜片、葱白各少许

调料 盐、味精、料酒、蚝油、生粉、水淀粉、食用油各适量

食材处理

1 将洗好的西葫芦切片；再把洗净的洋葱切片。

2 洗净的胡萝卜切片。

3 洗好的红椒切片。

4 再将已宰杀处理好的墨鱼切丝；墨鱼加料酒、盐、味精拌匀，再加生粉拌匀，腌渍10分钟入味。

5 锅中加清水烧开，加盐、食用油和胡萝卜，拌匀煮沸；倒入西葫芦拌匀，再煮1分钟至熟；捞出煮好的胡萝卜和西葫芦。

6 倒入切好的墨鱼；煮沸后捞出备用。

做法演示

1 用油起锅。

2 倒入蒜末、姜片、葱白爆香。

3 倒入墨鱼炒匀，加入少许料酒。

4 再加入洋葱和红椒炒匀。

5 倒入胡萝卜和西葫芦，加盐、味精、蚝油翻炒至熟透。

6 加入少许水淀粉。

7 快速拌炒均匀。

8 出锅盛入盘中即可。

芹菜炒墨鱼

制作时间 4分钟

材料 芹菜100克，净墨鱼肉150克，蒜苗30克，青椒片、红椒片、姜片各少许

调料 盐、味精、鸡粉、辣椒酱、料酒、水淀粉、食用油各适量

食材处理

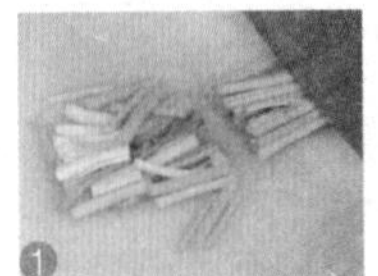
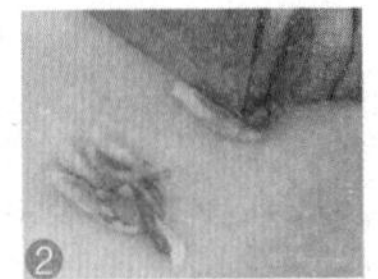
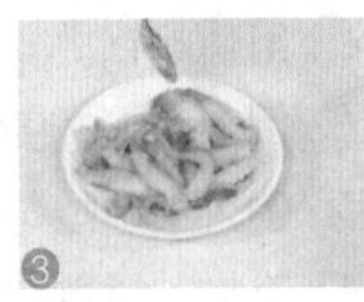

1. 将洗净的芹菜切段。
2. 墨鱼肉切成丝。
3. 墨鱼加料酒、盐拌匀，腌渍10分钟入味。

制作指导 新鲜墨鱼烹制前，要将其内脏清除干净，因为其内脏中含有大量的胆固醇，多食无益。

做法演示

1. 锅注油放入姜、青椒、红椒和蒜苗梗爆香。
2. 倒入腌好的墨鱼炒匀。
3. 锅中加入料酒翻炒片刻。
4. 锅中倒入芹菜。
5. 拌炒约2分钟至熟透。
6. 放入洗好的青蒜叶。
7. 锅中加入盐、味精、鸡粉、辣椒酱调味。
8. 加入少许水淀粉勾芡，淋入熟油拌匀即可。

木瓜墨鱼香汤

材料 木瓜200克，墨鱼125克，红枣3颗

调料 精盐5克，姜丝2克

做法

1. 将木瓜洗净，去皮、籽切块。
2. 墨鱼洗净，切块汆水。
3. 红枣洗净，备用。
4. 净锅上火倒入水，调入精盐、姜丝，下入木瓜、墨鱼、红枣煲至熟即可。

木瓜煲墨鱼

材料 木瓜500克，墨鱼250克，红枣5颗

调料 生姜3片，盐适量

做法

1. 将木瓜去皮、籽，洗净，切块；将墨鱼洗净，取出墨鱼骨。
2. 将红枣浸软，去核，洗净。
3. 将全部材料放入砂煲内，加适量清水，武火煮沸后，改文火煲 2 小时，加盐调味即可。

孜然鱿鱼

制作时间 2分钟

材料 鱿鱼200克，洋葱100克

调料 盐、味精、孜然粉、生粉、辣椒粉各适量

食材处理

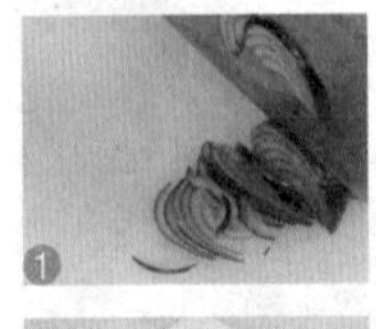
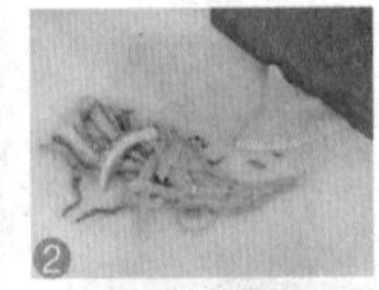

1. 将洗好的洋葱切成丝。
2. 再将处理好的鱿鱼切丝。
3. 锅注水烧开倒入鱿鱼，煮沸后捞出沥干备用。
4. 将生粉撒在鱿鱼上，抓匀。
5. 锅注油烧热，倒入洋葱，小火炸片刻捞出。
6. 放入鱿鱼，滑油片刻后捞出。

制作指导 炸鱿鱼前，可适量拍上少许生粉，这样炸制后的鱿鱼口感更香脆。

做法演示

1. 锅留底油，倒入洋葱。
2. 放入鱿鱼，再倒入孜然粉、辣椒粉。
3. 加入盐、味精。
4. 将菜炒匀。
5. 将成品盛入盘内即可。

营养分析

鱿鱼中含有丰富的钙、磷、铁元素，对人体骨骼发育和机体造血十分有益，可预防贫血。鱿鱼还富含蛋白质、氨基酸、硒、碘、锰、铜等微量元素。补硒有利于改善糖尿病患者的各种症状，并可以减少糖尿病患者产生各种并发症的危险。

锅仔鲈鱼煮萝卜

制作时间 8分钟

材料 鲈鱼500克，白萝卜300克，芹菜20克，姜丝、葱白、酸梅酱各少许

调料 盐、鸡粉、料酒、食用油各适量

食材处理

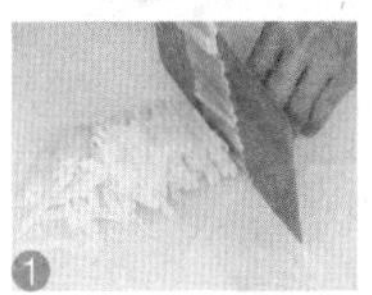

1. 将去皮洗净的白萝卜切丝。
2. 宰杀好的鲈鱼加盐抹匀。

制作指导 煎鲈鱼时，应高油温投入略炸，再转中小火浸炸，这样鱼皮不易破碎。煎的过程中还可以用锅铲稍稍按压鱼身，让鱼身里的水分充分炸干，这样炸出的鱼会外酥里嫩。

做法演示

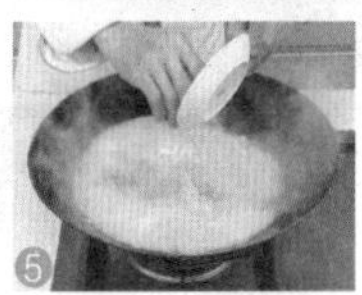

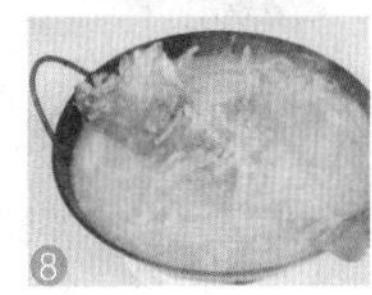

1. 用油起锅，放姜丝爆香。
2. 放入鲈鱼，煎至两面焦黄。
3. 加料酒和适量清水。
4. 加盖煮沸。
5. 揭盖，放入白萝卜，加盐、鸡粉拌匀。
6. 加盖煮约2分钟至熟。
7. 揭盖放芹菜、葱白、姜丝、酸梅酱略煮。
8. 最后盛入干锅即可。

冬笋海味汤

制作时间 45分钟

材料 净鱿鱼180克，冬笋120克，姜丝少许，虾米、上海青各适量

调料 盐3克，鸡粉、料酒、胡椒粉、芝麻油各适量

食材处理

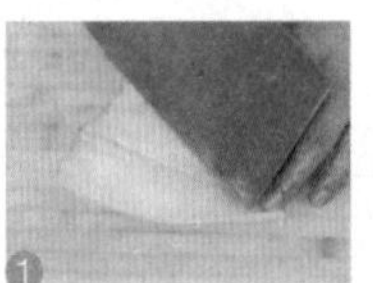

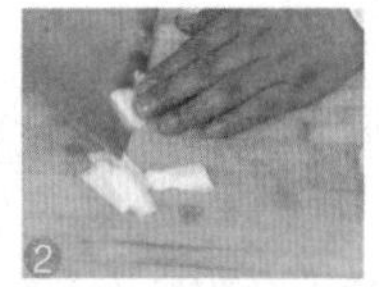

1. 鱿鱼去外皮，切上“十”字花刀，切成片。
2. 将洗净的冬笋切成片。

制作指导 冬笋可先焯水，然后放入清水中清洗，以去其涩味。

做法演示

1. 锅中加入适量清水；放入姜丝。
2. 倒入笋片、虾米搅匀烧开。
3. 倒入鱿鱼片，加盐、鸡粉；拌匀后略煮。
4. 加少许料酒拌匀调味。
5. 放入洗净的上海青拌匀。
6. 加少许胡椒粉拌匀。
7. 再淋入少许芝麻油。
8. 搅拌均匀。
9. 盛出装入碗中即可。

脆炒鱿鱼丝

材料 鱿鱼干400克，小竹笋100克

调料 盐3克，味精1克，醋8克，生抽、红椒各10克。

做法

1.鱿鱼干泡发，洗净，打上花刀，再切成细丝；小竹笋洗净，对剖开；红椒洗净，切丝。2.锅内加油烧热，放入鱿鱼翻炒至将熟，加入笋丝、红椒一起炒匀。3.炒至熟后，加入盐、醋、生抽翻炒至入味，以味精调味，起锅装盘即可。

鱿鱼丝拌粉皮

材料 鱿鱼50克，粉皮150克

调料 盐、味精、酱油、蚝油各适量

做法

1.鱿鱼洗净，切成丝，入开水中烫熟；粉皮洗净，入水中焯一下。2.盐、味精、酱油、蚝油调匀，制成味汁。3.将味汁淋在粉皮、鱿鱼上，拌匀即可。

鱿鱼虾仁豆腐煲

材料 鱿鱼175克，虾仁100克，豆腐90克，青菜20克

调料 精盐少许

做法

1.将鱿鱼治净切块、汆水，虾仁洗净，豆腐稍洗切块，青菜洗净。2.净锅上火倒入水，调入精盐，下入豆腐、虾仁、鱿鱼煮至熟，最后下入青菜稍煮即可。

胡萝卜鱿鱼煲

材料 鱿鱼300克，胡萝卜100克

调料 花生油10克，精盐少许，葱段、姜片各2克

做法

1.将鱿鱼治净切块，汆水；胡萝卜去皮洗净，切成小块备用。2.净锅上火倒入花生油，将葱、姜爆香，下入胡萝卜煸炒，倒入水，调入精盐煮至快熟时，下入鱿鱼再煮至熟即可。

吉利百花卷

制作时间 10分钟

材料 虾仁400克，面包糠250克，咸蛋黄50克，蛋清少许

调料 盐、食用油各适量

营养分析

虾仁肉质松软，易消化，蛋白质含量相当高，具有补肾壮阳、增强免疫力等功效，尤其适宜身体虚弱以及病后需要调养的人食用。

制作指导 炸制虾肉团时，油温应保持五成热，若油温偏低，虾肉团不易定形，面包糠也容易掉。

做法演示

1. 将洗好的虾仁剁成馅，装入盘中备用。
2. 将馅捏成大小均匀的虾肉丸。
3. 用手蘸少许蛋清，将咸蛋黄塞入虾肉丸中。
4. 包裹严实，即成虾肉团。
5. 将做好的虾肉团裹上面包糠。
6. 锅中注油烧至五成热，放入做好的虾肉团。
7. 用中火炸约2分钟至熟。
8. 捞出炸好的虾肉团，沥干油。
9. 将虾肉团摆入盘中即可。

鲜虾银杏炒百合

制作时间 2分钟

材料 虾仁120克，百合100克，银杏100克，红椒片15克，姜片、蒜片各10克，胡萝卜片、口蘑、蛋清、葱白各少许

调料 盐3克，味精、白糖、水淀粉、食用油各适量

食材处理

1. 将洗好的虾仁从背部切开。
2. 虾仁装入碗中，加盐、味精、蛋清抓匀；加入水淀粉抓匀，倒入食用油，腌渍片刻。
3. 锅注水烧开，倒入银杏，加盐煮约2分钟。
4. 倒入胡萝卜、红椒和百合，焯煮约1分钟至熟。
5. 捞出锅中的材料备用；再将虾仁倒入锅中。
6. 氽煮片刻后捞出沥水。

做法演示

1. 炒锅注油烧热，倒入虾仁，滑油片刻。
2. 捞出滑好油的虾仁。
3. 锅留油，倒入口蘑、葱白、姜片、蒜片炒匀。
4. 倒入胡萝卜、银杏、百合、红椒和虾仁。
5. 加入盐、味精、白糖炒匀，淋入水淀粉。
6. 快速拌炒均匀，最后盛入盘中即可。

营养分析

虾中含有丰富的镁，镁对心脏活动具有重要的调节作用，能很好的保护心血管系统，它可减少血液中胆固醇含量，防止动脉硬化，同时还能扩张冠状动脉，有利于预防高血压及心肌梗死。

山药炒虾仁

制作时间 3分钟

材料 山药150克，虾仁80克，彩椒30克，胡萝卜片、姜片、葱段、蛋清各适量

调料 盐3克，味精、水淀粉、料酒、醋、食用油各适量

食材处理

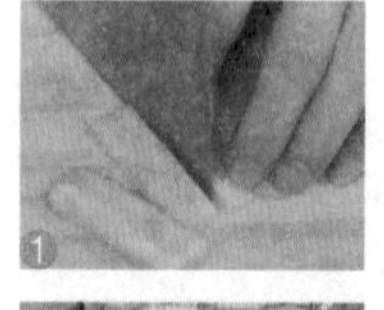

1. 将已去皮洗好的山药切片，置于醋水中；再将洗净的彩椒切成片。
2. 虾仁从背部剖开，剔除虾线，装入碗中；加入盐、味精、蛋清和水淀粉抓匀，腌渍片刻。
3. 锅中注水，加少许油烧开，再加入适量醋和盐，放入山药片；倒入彩椒焯熟。
4. 捞出装盘。
5. 再将虾仁放入热水锅中；氽烫片刻后捞出。
6. 另起锅，注油烧热，倒入虾仁；滑油片刻，捞出。

做法演示

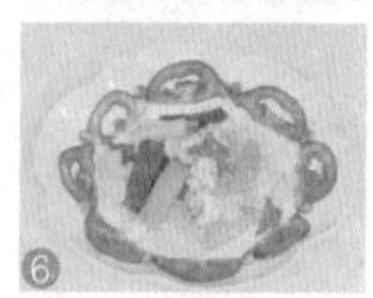

1. 锅留底油，倒入胡萝卜片、姜片、葱段。
2. 倒入山药、彩椒。
3. 倒入虾仁，加入盐。
4. 加入少许料酒拌炒匀。
5. 再用水淀粉勾芡。
6. 盛入盘中即可。

制作指导 烹制虾仁菜肴，调味品投入宜少不宜多，调味品太多就突出了调味品的味道，而压抑了虾仁的鲜味，使虾仁失去了清淡爽口、鲜嫩的特点。

椒盐基围虾

制作时间 2分钟

材料 基围虾150克，葱末、蒜末、姜末、辣椒末各适量

调料 味椒盐、生粉、食用油各适量

食材处理

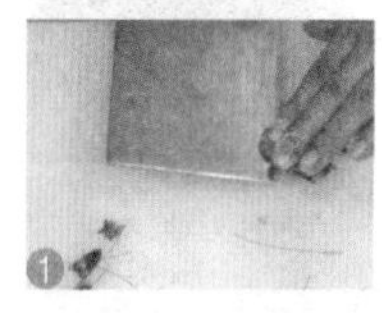
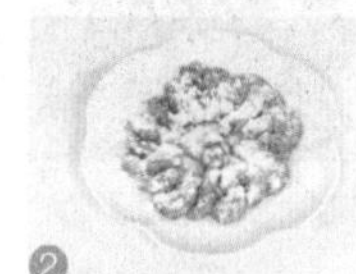
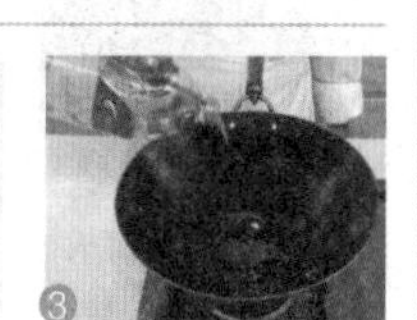

1. 基围虾洗净，切去头须，切开背部。
2. 完成后装入盘内，撒上生粉。
3. 热锅注油，烧至六成热。
4. 倒入基围虾。
5. 炸约1分钟虾变红后，捞出。

制作指导 烹饪基围虾时，放入少许柠檬片可去除腥味，使虾肉更鲜美。

做法演示

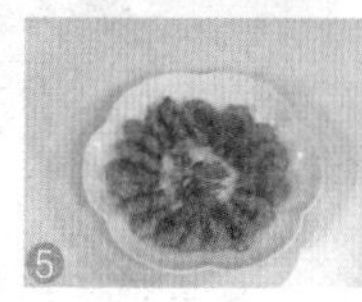

1. 锅留油，倒入葱、蒜、姜、辣椒煸香。
2. 倒入基围虾翻炒匀。
3. 撒入味椒盐，拌炒均匀，再倒入葱花。
4. 将基围虾翻炒片刻。
5. 装入盘中摆好 即成。

营养分析

基围虾含有丰富的钾、碘、镁、磷等矿物质及维生素A等成分，其肉质松软，易消化，对身体虚弱以及病后需要调养的人是极好的食物；此外它还含有丰富的镁，而镁对心脏活动具有重要的调节作用，能很好地保护心血管系统。

白灼基围虾

制作时间 4分钟

材料 基围虾250克，生姜35克，红椒20克，香菜少许

调料 料酒30毫升，豉油30毫升，盐3克，鸡粉、白糖、芝麻油、食用油各适量

食材处理

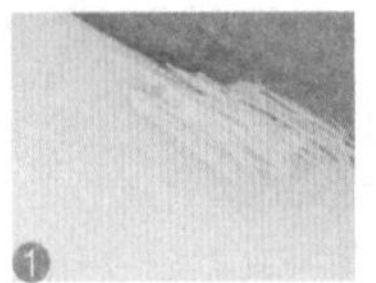

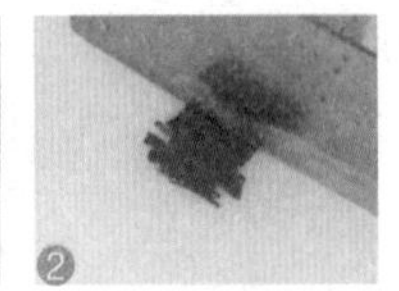

1. 把去皮洗净的生姜切成薄片，再切成丝。
2. 洗净的红椒去籽，切成丝。

制作指导 基围虾头部长有剑齿状的锋利外壳，烹制基围虾前应将其头须和脚剪去。

做法演示

1. 锅中加1500毫升清水烧开，加料酒、盐、鸡粉；放入姜片。
2. 倒入基围虾，搅拌均匀，煮2分钟至熟；把煮熟的基围虾捞出。
3. 装盘，放入洗净的香菜。
4. 用油起锅，倒入大约70毫升的清水。
5. 加入豉油、姜丝、红椒丝。
6. 再加入白糖、鸡粉、芝麻油，拌匀。
7. 煮沸，制成调味汁；将调味汁盛入味碟中。
8. 煮好的基围虾蘸上调味汁即可食用。

虾仁莴笋

制作时间 2分钟

材料 莴笋250克，虾仁150克，胡萝卜片、姜片、葱白各少许

调料 盐、味精、鸡粉、料酒、水淀粉、食用油各适量

食材处理

1. 将已去皮洗净的莴笋切片。
2. 再把洗好的虾仁从背部切开，挑去虾线。
3. 虾仁加盐、味精和水淀粉拌匀；加入适量食用油腌渍5分钟。
4. 锅中注水烧开，加盐；倒入莴笋，再加入少许食用油。
5. 煮沸后捞出。
6. 倒入虾仁；氽1分钟至断生后捞出。

做法演示

1. 热锅注油，倒入姜片、葱白。
2. 再倒入虾仁炒香。
3. 加入少许料酒。
4. 倒入莴笋片翻炒片刻。
5. 加盐、味精、鸡粉调味。
6. 再用水淀粉勾芡。
7. 淋入熟油拌匀。
8. 盛入盘中即可。

虾胶日本豆腐

制作时间 5分钟

材料 虾胶120克，日本豆腐2根

调料 盐5克，味精2克，鸡粉2克，水淀粉、食用油适量

食材处理

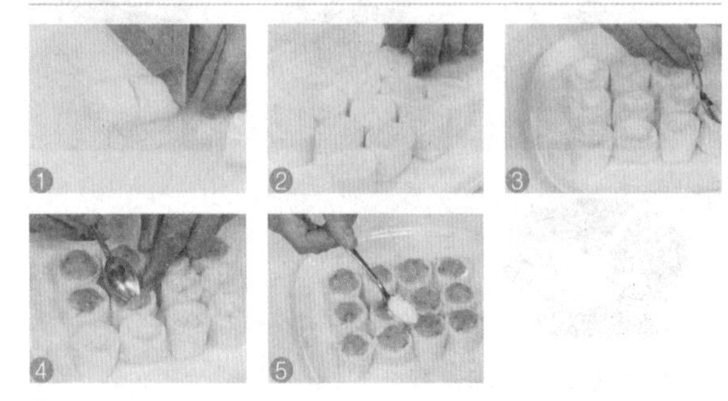

1. 日本豆腐去包衣，切块。
2. 将切好的日本豆腐整齐地码入盘内。
3. 用勺子依次挖出小孔。
4. 将虾胶填入每个孔内。
5. 均匀地撒上盐，使之入味。

制作指导 烹饪基围虾时，放入少许柠檬片可去除腥味，使虾肉更鲜美。

做法演示

1. 将蒸锅置旺火上，放入虾胶日本豆腐。
2. 盖上锅盖，用中火蒸3～4分钟至熟。
3. 揭开锅盖，取出豆腐，倒出盘中的水分。
4. 锅注水烧开，加食用油、盐、味精、鸡粉。
5. 再倒入少许水淀粉搅匀，调成芡汁。
6. 将芡汁淋在豆腐上即成。

营养分析

日本豆腐营养丰富、味道甜香，富含碳水化合物、脂肪、维生素B_1、维生素B_2、维生素E、蛋白质、钾、钙、钠、镁、磷、铁、锌等营养元素，有降压、化痰、消炎、美容、止吐的功效。

虾仁蒸豆腐

制作时间 8分钟

材料 豆腐350克，虾仁150克，葱花少许

调料 盐、味精、鸡粉、生粉、芝麻油、醋、食用油各适量

食材处理

1. 豆腐洗净切块。
2. 整齐地码放盘中，撒上少许食盐备用。
3. 虾仁去虾线后洗净切丁。
4. 虾肉加盐、味精和鸡粉。
5. 再加少许生粉拌匀。
6. 淋入芝麻油、食用油拌匀，腌制10分钟。

制作指导 豆腐烹制前，应放入清水中浸泡洗净，以去除豆腐的酸味。

做法演示

1. 豆腐撒上盐，再将腌好的虾仁肉放在豆腐上。
2. 放入蒸锅。
3. 加盖用猛火蒸约6分钟。
4. 取出蒸好的虾仁豆腐。
5. 倒去原汁，撒上葱花。
6. 炒锅注食用油烧热。
7. 将烧热的油淋在虾仁上。
8. 倒上少许醋。
9. 摆好盘即可。

香酥虾

制作时间 2分钟

材料 虾200克，面粉150克，吉士粉20克，青椒、红椒各15克，泡打粉10克

调料 盐4克，生粉适量

食材处理

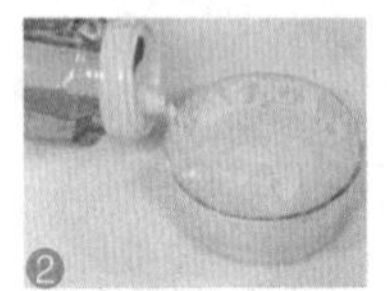
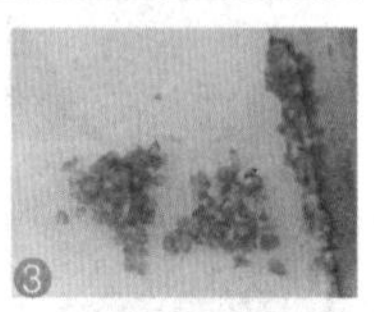
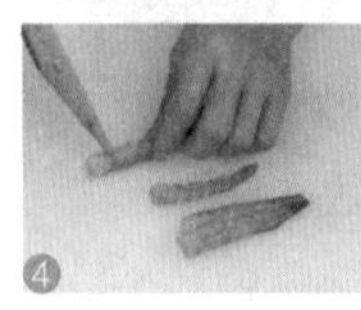
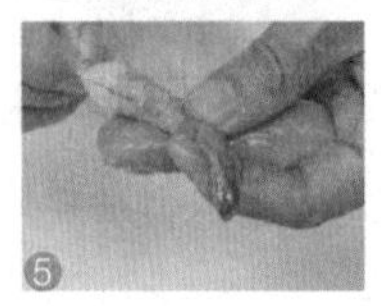

1. 吉士粉、泡打粉、面粉制成脆浆粉加盐拌匀。
2. 分开几次加少许温水，调成面糊状；加入食用油，静置15分钟。
3. 红椒先切丝后切粒；青椒先切丝后切粒。
4. 将洗净的虾去头剥壳，横刀将筋切断。
5. 将牙签穿入虾仁中，装盘。
6. 虾仁中撒上盐，再加生粉拌匀后腌10分钟。

做法演示

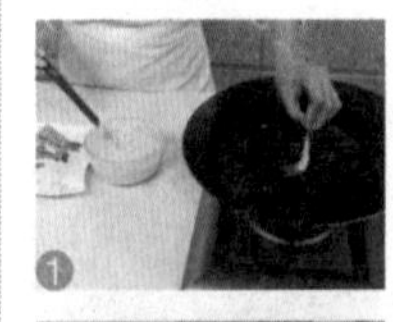

1. 锅注油烧五成热。虾仁裹上脆浆粉。
2. 放入油锅炸大约1分钟至熟后取出。
3. 将牙签取出，把炸好的虾仁装入盘中。
4. 撒入青椒粒、红椒粒。
5. 即可食用。

营养分析

由于虾体内本来就含有少量的砷，如果同时和维生素C进食，会与维生素C产生化学反应生成三价砷，而三价砷是有毒的，类似于砒霜，所以要避免这种情况出现。

鲜虾干捞粉丝煲

制作时间 4分钟

材料 水发粉丝300克，虾仁100克，红椒末、芹菜末、葱末、姜末、蒜末各少许

调料 盐、味精、生抽、料酒、水淀粉、食用油各适量

食材处理

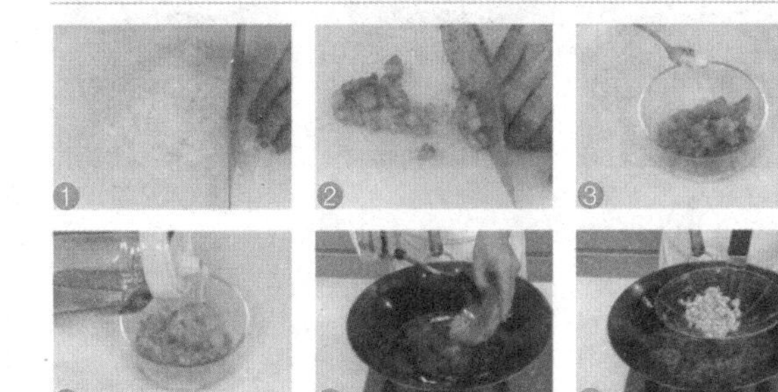

1. 把洗净的粉丝切段。
2. 虾仁切丁。
3. 虾肉加入味精、盐拌匀，再加入水淀粉拌匀。
4. 淋入少许食用油腌渍10分钟。
5. 热锅注油，烧至四成热，倒入虾肉。
6. 滑油片刻后捞出备用。

做法演示

1. 用油起锅，倒入葱末、姜末、蒜末爆香。
2. 倒入虾肉，加料酒炒香。
3. 倒入粉丝翻炒均匀。
4. 加入盐、味精、生抽，再淋入熟油拌匀。
5. 放入芹菜末、红椒末。
6. 快速翻炒匀。
7. 盛入煲仔，置于大火上烧开。
8. 取下砂煲即可食用。

豉油皇焗虾

制作时间 4分钟

材料 基围虾500克，香菜少许

调料 豉油30毫升，白糖3克，鸡粉3克，芝麻油、食用油适量

食材处理

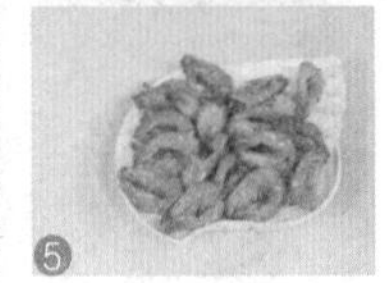

1. 热锅注油，烧至六成热。
2. 倒入处理干净的基围虾。
3. 搅散，炸约2分钟至熟。
4. 将炸好的基围虾捞出沥干油。
5. 装入盘中备用。

制作指导 炒制时加入胡椒粉可以更好地去除虾的腥味，使虾口味更丰富。

做法演示

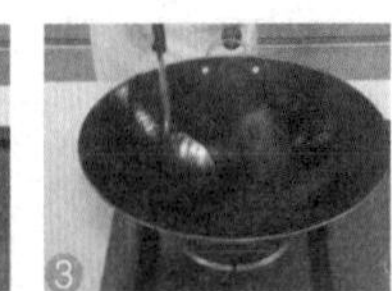

1. 用油起锅。
2. 加20毫升清水，加豉油、鸡粉、白糖拌匀。
3. 煮沸，制成豉油皇。
4. 倒入滑油后的基围虾，翻炒至入味。
5. 加入适量的芝麻油。
6. 翻炒匀至入味。
7. 盛出摆盘。
8. 用香菜装饰后即可食用。

茄汁虾丸

制作时间 2分钟

材料 虾丸400克，番茄汁50克，葱花、蒜末各10克

调料 盐、白糖、水淀粉、食用油各适量

食材处理

1. 锅中注入清水烧开。
2. 倒入虾丸氽烫2分钟至熟。
3. 捞出虾丸，装盘备用。

制作指导 烹饪此菜肴，用油不能太多，否则芡汁不宜粘在虾丸上；另外，勾芡时要把握好芡汁的稀稠度，否则会影响菜肴的质量。

做法演示

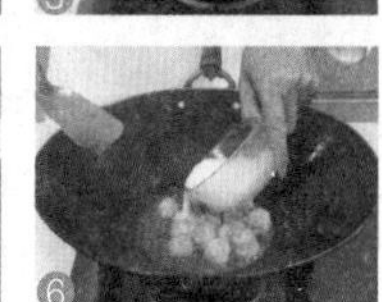

1. 锅置旺火，注油烧热。
2. 加入蒜末爆香。
3. 再倒入番茄汁炒匀。
4. 锅中加入少许清水、白糖、盐搅匀。
5. 倒入虾丸炒至入味。
6. 加入少许水淀粉勾芡。
7. 将勾芡后的虾丸炒匀。
8. 盛入盘内，撒上葱花即成。

韭黄炒虾仁

制作时间 2分钟

材料 韭黄250克，虾仁150克，青蒜苗段20克，红椒丝少许

调料 盐2克，味精1克，水淀粉、料酒各适量

食材处理

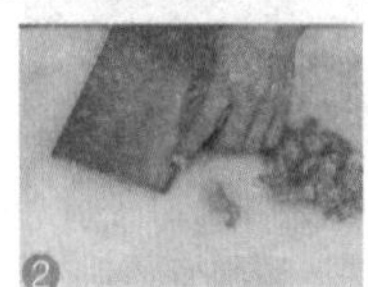

1. 将洗净的韭黄切段。
2. 再把洗好的虾仁从背部划开。
3. 虾加盐、味精、水淀粉、油腌渍3～5分钟。
4. 锅置旺火，注油烧热。
5. 倒入虾仁滑油片刻捞出。

做法演示

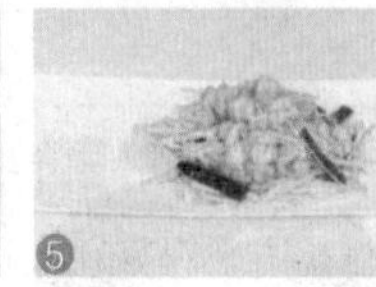

1. 锅留底油，倒入青蒜苗、红椒丝炒。
2. 再倒入韭黄和虾仁炒匀。
3. 加入盐、味精、料酒。
4. 炒至入味。
5. 将炒好的菜盛入盘内即可。

营养分析

虾仁营养丰富，其中钙的含量为各种动植物食品之冠。

茄汁基围虾

制作时间 2分钟

材料 基围虾250克，番茄酱20克，蒜末、红椒末、洋葱末各少许

调料 盐2克，白糖、食用油各适量

食材处理

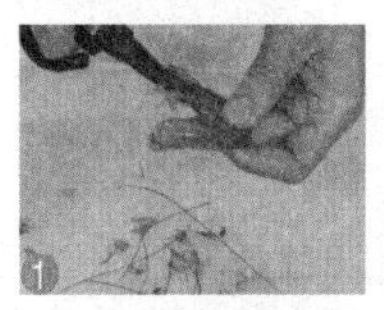

1. 基围虾洗净，并剪去头须以及虾脚。
2. 再将背部切开，抽出虾线。
3. 倒入半锅油，烧至七成热，倒入基围虾。
4. 将虾用小火浸炸约2分钟至熟且呈红色。
5. 将炸好的虾捞出，沥油备用。

制作指导 烹饪此菜时，加少许柠檬汁，可去除腥味，使虾更鲜香。

做法演示

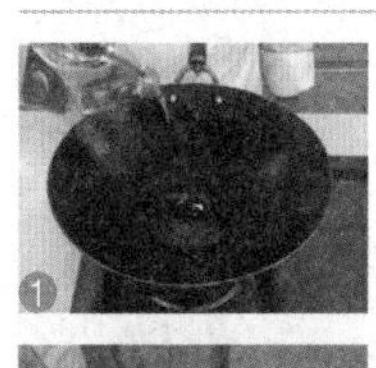
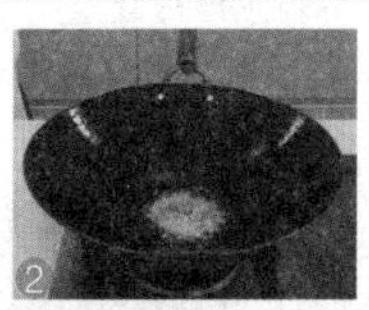

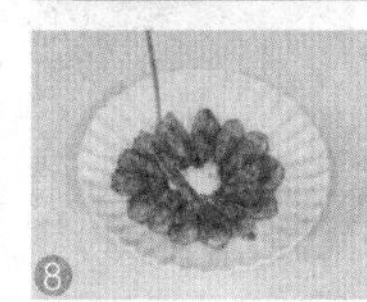

1. 锅置旺火，注油烧热。
2. 倒入蒜末、红椒末以及洋葱末爆香。
3. 再倒入番茄酱拌匀。
4. 加入白糖、盐炒匀。
5. 倒入炸好的基围虾。
6. 拌炒均匀直至入味。
7. 最后，将做好的茄汁基围虾夹入盘中。
8. 浇上锅中的原汁即可。

鲜虾烩冬蓉

制作时间 6分钟

材料 冬瓜300克，虾仁50克，鸡蛋1个

调料 盐、味精、水淀粉、料酒、高汤、鸡粉、胡椒粉、芝麻油、食用油各适量

食材处理

1. 鸡蛋打入碗中，取蛋清备用。
2. 将洗好的虾仁切粒；将去皮洗净的冬瓜切片备用。
3. 虾粒加盐、味精拌匀，加水淀粉腌渍片刻。
4. 锅水烧热，倒入冬瓜加盖煮3分钟至熟；取出冬瓜。
5. 将煮熟的冬瓜剁成蓉。
6. 锅中加清水烧开倒入虾粒；汆至断生捞出沥水。

制作指导 虾粒在水煮沸后再倒入煮，而且时间不宜过长，这样能保证它的鲜嫩度，口感会更佳。

做法演示

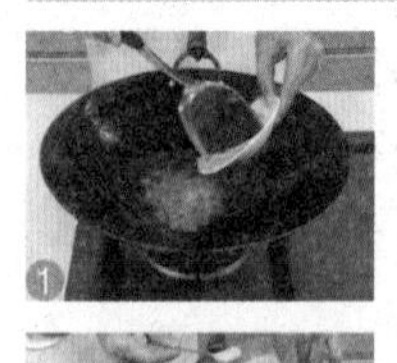

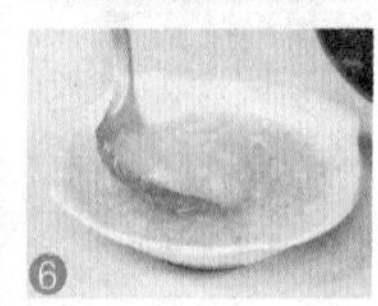

1. 热锅注油，烧至四成热，虾仁滑油至熟。
2. 捞出滑过油的虾仁。
3. 锅留油，加入料酒、高汤烧开倒入冬瓜拌匀。
4. 加盐、鸡粉、胡椒粉，倒入虾粒煮沸。
5. 加入适量水淀粉勾芡，加蛋清拌匀。
6. 加适量芝麻油拌匀。盛入碗中即可。

营养分析

冬瓜含有蛋白质、碳水化合物、维生素A、维生素C、维生素B_1、维生素B_6、钙、铁、镁、磷、钾等营养物质，具有润肺生津、化痰止咳、利尿消肿、清热祛暑、解毒的功效。冬瓜中的膳食纤维含量也很高，能刺激肠道蠕动，加速排出肠道里积存的致癌物质，尤其适宜便秘者食用。

莴笋木耳炒虾仁

制作时间 15分钟

材料 水发木耳80克，莴笋70克，虾仁60克，胡萝卜片50克，蒜末、姜片、葱白各少许

调料 盐5克，水淀粉10毫升，味精、料酒、鸡粉、白糖、食用油各适量

食材处理

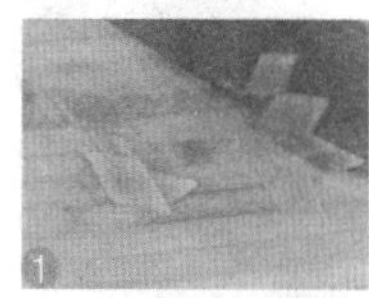
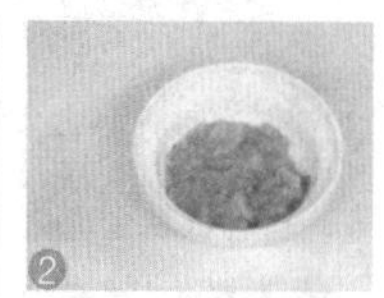

1. 将去皮洗净的莴笋切成片；洗净的木耳切去根部，切成片。
2. 洗好的虾仁背部切开，挑去虾线后盛入碗中；虾仁加少许盐、味精、水淀粉抓匀，倒入少许食用油，腌渍至入味。
3. 锅中加适量清水，加盐、鸡粉、食用油，拌匀后煮沸；倒入莴笋片、胡萝卜片拌匀；倒入木耳拌匀；将焯好的材料捞出装盘。
4. 倒入虾仁；氽煮片刻后捞出，盛入碗中。
5. 热锅注油，烧至五成热，倒入虾仁；滑油至熟后捞出。

做法演示

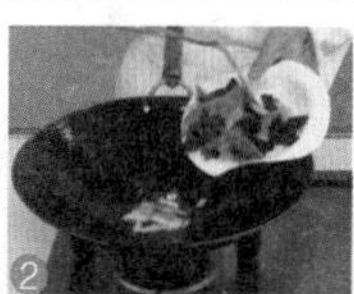

1. 锅底留油，倒入姜片、蒜末、葱白爆香。
2. 倒入莴笋片、胡萝卜片、木耳。
3. 拌炒均匀。
4. 倒入虾仁炒匀，淋入料酒炒香。
5. 加入盐、白糖、味精炒匀调味。
6. 倒入少许水淀粉。
7. 拌炒均匀。
8. 盛出装盘即可。

火龙果海鲜盏

制作时间 3分钟

材料 火龙果肉180克，西芹120克，虾仁100克，净鱿鱼50克，松仁10克，姜末、胡萝卜丁各少许

调料 盐、味精、白糖、葱姜酒汁、水淀粉、食用油各适量

食材处理

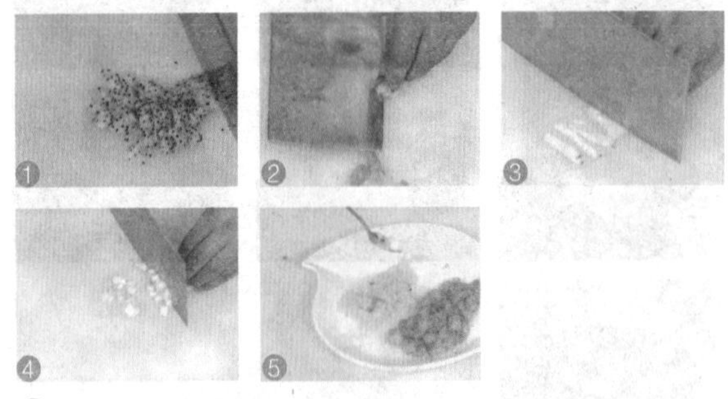

1. 将火龙果肉切成丁。
2. 将虾仁洗净切成丁。
3. 将鱿鱼切成丁。
4. 将西芹洗净切成丁。
5. 鱿鱼、虾仁加葱姜酒汁、盐、味精、白糖拌匀。

制作指导 因火龙果富含的维生素C极易受到热、光、氧的破坏，所以火龙果入锅的时间不宜太久，应快炒出锅。

做法演示

1. 锅中注油烧热，放入松仁炸熟捞出来。
2. 倒入虾仁和鱿鱼丁，滑油至断生捞出。
3. 锅留油倒入胡萝卜、虾仁、芹菜、姜、鱿鱼炒熟。
4. 加盐、味精、白糖、水淀粉、火龙果肉拌炒。
5. 将锅中材料分别盛入4个火龙果器皿内。
6. 撒入炸熟的松仁即成。

营养分析

火龙果是一种低能量、高纤维的水果，水溶性膳食纤维含量非常丰富，因此具有减肥、降低血糖、预防大肠癌等功效。火龙果还含有美白皮肤的维生素C以及具有抗氧化、抗自由基、抗衰老作用的花青素。

虾仁豆腐

制作时间 4分钟

材料 豆腐250克，虾仁100克，上海青50克，葱段、姜片、蒜末各少许

调料 蚝油、老抽、盐、味精、鸡粉、水淀粉、料酒各适量

食材处理

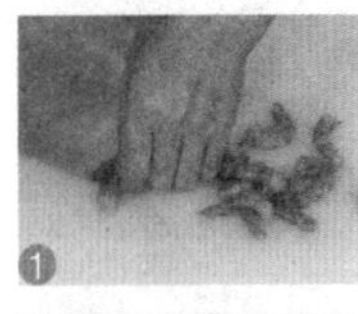

1. 将洗净的虾仁从背部切开；洗好的上海青对半切开，去叶留梗，洗净的豆腐切条块。
2. 虾仁加盐、味精、料酒抓匀，再加少许水淀粉抓匀，腌渍片刻。
3. 锅中注水烧热，倒入虾仁；氽烫片刻捞起。
4. 起锅热油，烧至六成热，入豆腐块；炸至金黄色，捞出沥油。
5. 另起锅注水烧热，倒入上海青；焯煮约1分钟至熟捞出。

做法演示

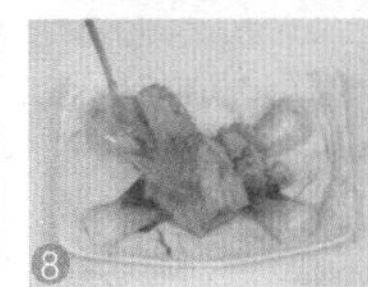

1. 炒锅热油，加入蒜末、姜片、葱白炒香。
2. 倒入煮好的虾仁。
3. 加少许料酒炒匀。
4. 倒入适量清水。
5. 煮开后加入蚝油、老抽、盐、味精、鸡粉，炒匀。
6. 再倒入豆腐块炒匀，煮片刻。
7. 加水淀粉勾芡，倒入葱叶炒匀。
8. 盛入装有上海青的盘即成。

蒜蓉虾仁娃娃菜

制作时间 2分钟

材料 娃娃菜450克，虾仁150克，胡萝卜20克，蒜蓉适量

调料 水淀粉10毫升，盐3克，鸡粉2克，白糖2克，料酒、葱姜酒汁、蒜油、食用油各适量

食材处理

1. 将洗净的娃娃菜切成段。
2. 用手掰成片。
3. 用刀将虾仁的背部划开。
4. 挑去虾线。
5. 虾加葱姜酒汁、盐、水淀粉拌匀腌6分钟。

制作指导 爆香虾仁时，要用大火快速爆炒，入锅时间不宜过久，以免失去虾仁鲜嫩的口感。

做法演示

1. 锅中注油，倒入虾仁爆香。
2. 再放入蒜蓉翻炒均匀。
3. 倒入白菜梗、切好的胡萝卜片翻炒约1分钟。
4. 再放入白菜叶炒匀。
5. 加料酒、入盐、鸡粉、白糖炒1分钟至入味。
6. 用少许水淀粉勾芡。
7. 出锅前淋入蒜油即可。
8. 翻炒片刻直至入味。
9. 盛出装盘即可食用。

清炒虾丝

材料 虾肉200克，青椒、红椒、黄椒各50克

调料 盐3克，味精2克，料酒、香油、淀粉各适量

做法

1. 青、红、黄椒洗净切条。
2. 虾肉治净，撒上淀粉，打成薄片，切丝后用料酒腌渍。
3. 鸡油锅烧热，倒入虾丝，炒至变色后倒入青、红、黄椒条。
4. 加盐、味精、香油炒至入味，出锅前勾芡即可。

水晶虾仁

材料 虾仁500克，甜豆300克

调料 盐4克，味精2克，料酒、水淀粉各15克

做法

1. 甜豆洗净，去老茎。
2. 虾仁洗净，加盐、料酒腌渍，以水淀粉上浆，备用。
3. 油锅烧热，入虾滑熟，捞出；另起油锅，放入甜豆翻炒均匀，加水、盐、虾焖煮。
4. 煮好，加味精炒匀，装盘即可。

青豆百合虾仁

材料 虾仁、青豆、百合各80克，橙子适量

调料 盐、味精各3克

做法

1. 橙子洗净，切片，摆盘。
2. 虾仁、青豆、百合均洗净，分别下入沸水中浸烫去异味，捞出沥水。
3. 油锅烧热，下虾仁、青豆炒至八成熟，再入百合同炒片刻。
4. 调入盐、味精炒匀，起锅装在橙片上。

虾仁炒蛋

材料 虾仁100克，鸡蛋5个，春菜少许

调料 盐2克，鸡精2克，淀粉10克

做法

1. 虾仁调入淀粉、盐、鸡精；春菜去叶留茎洗净切细片。
2. 鸡蛋打入碗，调入盐拌匀。
3. 锅上火，注少许油，将油涂抹均匀，倒入拌匀的蛋液。
4. 稍煎片刻，放入春菜、虾仁，略炒至熟，出锅即可。

虾仁豆花

材料 虾仁200克，豆花300克，豌豆50克，西红柿100克

调料 水淀粉、盐、味精、高汤各适量

做法

1. 虾仁洗净，加水淀粉、盐搅拌上浆；西红柿洗净，切丁；豌豆洗净备用。
2. 油锅烧热，放入虾仁过油，捞出；另起油锅，放入豌豆煸炒，加入高汤烧开。
3. 下入豆花、虾仁、西红柿同煮至熟，加盐、味精调味，装碗即可。

鲜虾煮莴笋

材料 鲜虾、莴笋各200克，胡萝卜少许

调料 盐3克，料酒、高汤、香油、姜丝各适量

做法

1. 莴笋洗净，切条。
2. 胡萝卜洗净切片。
3. 虾治净，用料酒腌渍去腥备用。
4. 油锅烧热，入姜丝炝香，倒入鲜虾炒至变色，注入高汤。
5. 煮沸后放入莴笋、胡萝卜，加盐、香油煮至入味便可。

小河虾苦瓜汤

材料 小河虾200克，苦瓜75克

调料 高汤适量，精盐5克

做法

1. 将小河虾洗净。
2. 苦瓜洗净去子，切片备用。
3. 净锅上火倒入高汤，调入精盐，下入小河虾、苦瓜煮至熟即可。

粉丝鲜虾煲

材料 鲜虾250克，小白菜75克，粉丝20克

调料 精盐少许

做法

1. 将鲜虾洗净。
2. 小白菜洗净切段。
3. 粉丝泡透切段备用。
4. 净锅上火倒入水，下入鲜虾烧开，调入精盐，下入小白菜、粉丝煮至熟即可。

鲜虾菠菜粉条煲

材料 鲜虾200克，菠菜120克，粉条20克

调料 精盐少许

做法

1. 将鲜虾洗净。
2. 菠菜择洗干净，切段焯烫待用。
3. 粉条泡透切段备用。
4. 净锅上火倒入水，下入鲜虾，调入精盐，下入菠菜、粉条煲至熟即可。

咖喱炒蟹

材料 蟹100克，咖喱粉30克，鸡蛋2个，红辣椒10克

调料 干淀粉、料酒、生抽、香油、盐各适量

做法

1. 蟹治净，将蟹钳与蟹壳分别斩块，撒上干淀粉，抓匀，炸至表面变红，捞出沥干油。
2. 红辣椒洗净切成片；鸡蛋打散，入油锅炒熟；咖喱粉调湿备用。
3. 油锅烧热，下料酒、生抽、香油、盐、咖喱炒香，放入蟹块、辣椒片、鸡蛋炒熟即可。

葱姜炒蟹

材料 花蟹450克，葱、姜各20克

调料 盐、味精各3克，酱油、白糖、料酒、香油各10克

做法

1. 花蟹治净，斩块，用盐、酱油、白糖腌渍20分钟；葱洗净，切段；姜洗净，切片。
2. 炒锅上火，注油烧至六成热，下花蟹炸至黄色捞出，沥干油分。
3. 锅内留油，下入葱、姜爆香，加入蟹炒匀，烹入料酒，放入盐、味精、香油调味，炒匀，盛盘即可。

酱香大肉蟹

材料 大肉蟹500克

调料 豆酱50克，味精5克，香油10毫升，盐3克，蒜头50克，上汤少许

做法

1. 蒜去皮洗净。
2. 大肉蟹洗净切块。
3. 锅上火，油烧至80℃时放入蟹块稍炸，捞出沥油。
4. 锅中留少许油，放入蒜头爆香，再放入肉蟹、豆酱、味精、香油、盐。
5. 加入上汤，用慢火烧熟即可。

清蒸大闸蟹

材料 大闸蟹8只

调料 酱油、小葱、香醋各50克，糖、姜、香油各20克

做法

1. 将蟹逐只洗净，上笼蒸熟后取出，整齐地装入盘内。
2. 将葱花、姜末、醋、糖、酱油、香油调和作蘸料，分装小碟。
3. 将蒸好的蟹连同小碟蘸料、专用餐具上席即可。

鱼蟹团圆汤

材料 鱼肉200克，蟹肉100克，虾米30克，油菜10克

调料 清汤适量，精盐少许，味精、香油各3克

做法

1. 将鱼肉、蟹肉处理干净剁成泥，调入精盐，搅拌上劲挤成丸子，入水氽后捞出；虾米、油菜洗净备用。
2. 锅上火倒入清汤，调入精盐、味精，下入虾米、鱼肉丸、蟹肉丸煲至熟，下入油菜，淋入香油即可。

山药蟹肉羹

材料 瘦肉200克，蟹1只，山药50克，韭菜30克

调料 精盐少许，味精3克，葱、姜各5克，高汤适量

做法

1. 将瘦肉洗净、切丁、氽水，蟹去壳洗净、切块、氽水，山药洗净切块，韭菜洗净切末。
2. 净锅上火，倒入高汤，下入蟹、瘦肉、山药烧沸，调入精盐、味精、葱、姜，煲至熟，撒上韭菜末即可。

鸽蛋蟹柳鲜汤

材料 豆腐125克，熟鸽蛋10个，蟹柳30克，青菜20克

调料 清汤适量，精盐5克

做法

1. 将豆腐切方块，熟鸽蛋剥壳洗净，蟹柳切块，青菜洗净备用。
2. 净锅上火倒入清汤，下入豆腐、鸽蛋、蟹柳、青菜，调入精盐煲至熟即可。

荷兰豆响螺片

材料 荷兰豆100克，响螺肉500克

调料 料酒、酱油、醋、盐、味精、淀粉各适量

做法

1. 响螺肉洗净，切片。
2. 荷兰豆洗净，去老筋，切段，入开水烫熟后，捞出装盘备用。
3. 油锅烧热，放入响螺肉，烹入料酒，加酱油、醋、盐翻炒均匀。
4. 加味精调味，以水淀粉勾芡，装在盘中的荷兰豆上即可。

鸡腿菇炒螺片

材料 鸡腿菇200克，海螺片300克

调料 盐3克，味精1克，醋8克，生抽12克，青椒、红椒各少许

做法

1. 鸡腿菇泡发洗净，切片；海螺片洗净；青、红椒洗净，切片。
2. 锅内注油烧热，放入螺片炒至变色后，加入鸡腿菇、青椒、红椒炒匀。
3. 炒至熟后，加入盐、醋、生抽炒匀入味，再加味精调味，起锅装盘即可。

葱炒螺片

材料 海螺肉400克，大葱200克

调料 盐4克，酱油8克，料酒、白糖各10克，淀粉15克

做法

1. 海螺肉洗净，切片，加盐、料酒腌渍。
2. 大葱洗净，切斜段备用。
3. 油锅烧热，放入海螺片，加酱油、白糖翻炒，炒至七成熟时，下入大葱翻炒。
4. 炒好，以水淀粉勾芡，装盘即可。

螺肉煲西葫芦

材料 螺肉300克，西葫芦125克

调料 高汤适量，精盐少许

做法

1. 将螺肉洗净。
2. 西葫芦洗净切方块备用。
3. 净锅上火倒入高汤，下入西葫芦、螺肉、精盐煲至熟即可。

螺片黄瓜汤

材料 海螺2个，黄瓜100克，玉米须30克

调料 花生油10克，葱段、姜片、鸡精各3克，香油2克，精盐少许

做法

1. 将海螺去壳洗净切成大片，玉米须洗净，黄瓜洗净切丝备用。
2. 锅置火上，入油，将葱、姜炝香，倒入水，下入黄瓜、玉米须、螺片，调入精盐、鸡精，淋入香油即可。

海带螺片汤

材料 海带200克，西红柿50克，海螺2个

调料 花生油20克，精盐6克，鸡精4克，葱段3克，香油2克

做法

1. 海带、西红柿洗净切片，海螺取肉洗净斜刀切片。
2. 炒锅上火倒入色拉油，将葱爆香，加入西红柿略炒，倒入水，下入海带、螺片，调入精盐、鸡精，煲至熟，淋入香油即可。

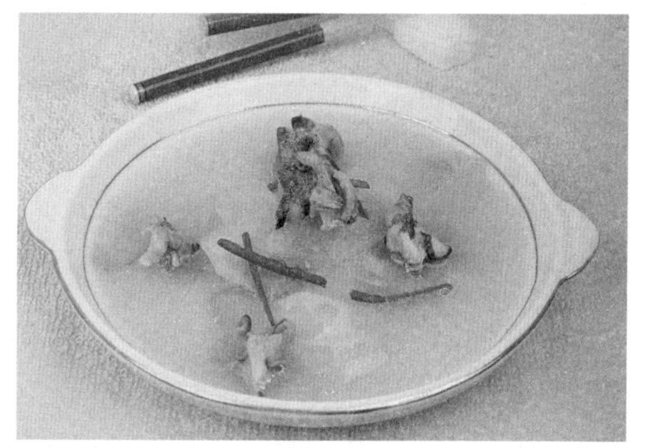

双瓜响螺汤

材料 节瓜200克，苦瓜100克，响螺50克

调料 花生油20克，精盐适量，味精4克，葱段、姜片各3克

做法

1. 将节瓜、苦瓜处理干净均切片，响螺洗净切大片备用。
2. 锅上火倒入花生油，将葱、姜爆香，倒入水，下入苦瓜、节瓜、响螺煮至熟，加盐、味精调味即可。

蒜蓉干贝蒸丝瓜

制作时间 5分钟

材料 丝瓜200克，蒜蓉40克，干贝30克，葱花少许

调料 盐、鸡粉、生抽、食用油各适量

食材处理

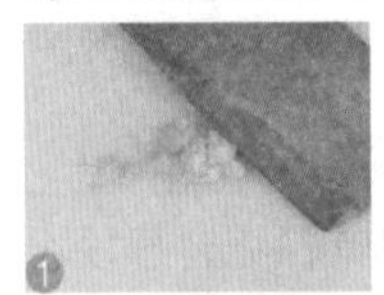

1. 将洗净的干贝拍碎。
2. 已去皮洗净的丝瓜切棋子形，摆盘。

制作指导 丝瓜味道清甜，烹制丝瓜时应注意尽量保持其清淡的口味，不宜加老抽、豆瓣酱等口味较重的酱料，以免抢味。

做法演示

1. 锅置旺火，注油烧热；倒入洗净的干贝煸香。
2. 加蒜蓉炒香；放入适量盐、鸡粉、生抽。
3. 快速翻炒均匀调味。
4. 将炒香的料浇在丝瓜上。
5. 将丝瓜转到蒸锅中。
6. 加盖，蒸3分钟至熟透。
7. 揭盖，取出蒸好的丝瓜。
8. 再撒上备好的葱花。
9. 浇上少量熟油即成。

干贝冬瓜竹荪汤

制作时间 6分钟

材料 冬瓜200克，水发竹荪20克，水发干贝15克，姜片、葱花各少许

调料 盐3克，味精1克，鸡粉2克，料酒、胡椒粉、白糖、食用油各适量

食材处理

1. 冬瓜去皮洗净，切成片。
2. 洗净的竹荪切成段。

制作指导 冬瓜不宜炒制太久，以免影响成品口感和外观。

做法演示

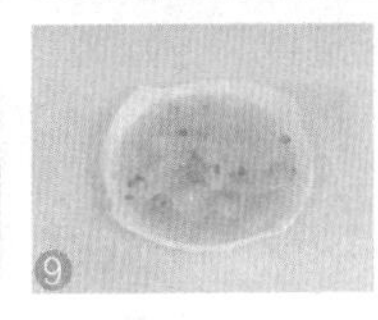

1. 用油起锅；锅中加入姜片爆香。
2. 放入洗好的干贝炒香。
3. 倒入冬瓜片翻炒均匀。
4. 加入料酒和适量清水。
5. 加盖煮大约3分钟。
6. 放入洗净的竹荪拌匀。
7. 加盖煮大约1分钟；加盐、鸡粉、味精、胡椒粉拌匀调味。
8. 再用小火慢煮片刻，至入味。
9. 将汤盛入碗中，撒上葱花即可食用。

蒜蓉粉丝蒸扇贝

制作时间 7分钟

材料 扇贝300克，水发粉丝100克，蒜蓉30克，葱花少许

调料 盐、鸡粉、生抽、食用油各适量

食材处理

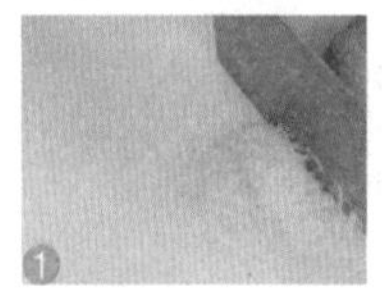
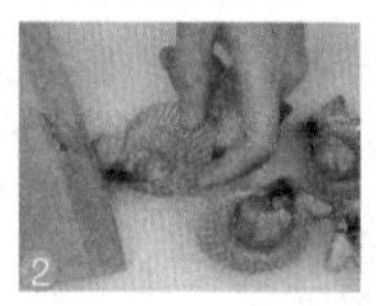

1. 粉丝洗净，切成段。
2. 扇贝洗净，对半切开。
3. 将切开的扇贝清洗干净，装盘备用。

制作指导 扇贝本身极具鲜味，所以在烹调时应少放鸡精和盐，以免破坏扇贝的天然鲜味。

做法演示

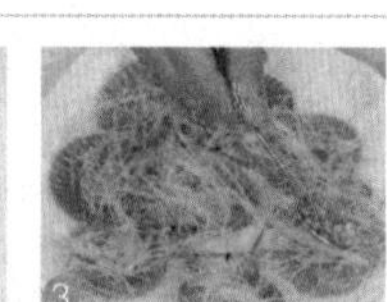

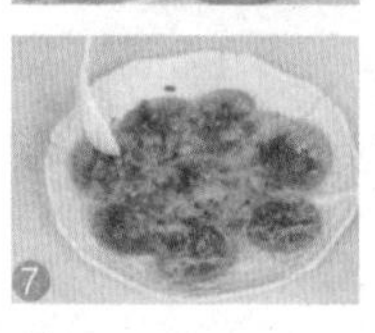
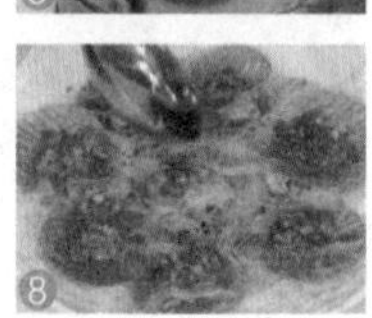

1. 起油锅，倒入蒜蓉。
2. 炸至金黄色后盛入碗中备用。
3. 将扇贝上撒上粉丝。
4. 炸好的蒜蓉加入盐、鸡粉，搅拌均匀；将调好味的蒜蓉浇在扇贝、粉丝上。
5. 放入蒸锅；盖上锅盖，中火蒸约5分钟至扇贝、粉丝熟透。
6. 揭开锅盖，取出已蒸好的粉丝扇贝。
7. 撒入葱花；淋入少许生抽调味。
8. 再浇上适量热油即成。

虾胶酿青椒

材料 大青椒200克，虾200克

调料 盐3克，味精1克，酱油5克，蚝油3克

做法

1. 青椒洗净切圈。
2. 将酱油、蚝油、盐、味精一起加入水煮成味汁。
3. 虾洗净，剁碎打成虾胶。
4. 将虾胶酿入青椒内，入锅中蒸5分钟后取出，淋上味汁即可。

扇贝蘑菇粉丝汤

材料 扇贝肉175克，蘑菇30克，水发粉丝20克

调料 精盐少许

做法

1. 将扇贝肉洗净。
2. 蘑菇洗净切丝。
3. 水发粉丝洗净切段备用。
4. 净锅上火倒入水，下入扇贝肉、蘑菇、水发粉丝，调入精盐煲至熟即可。

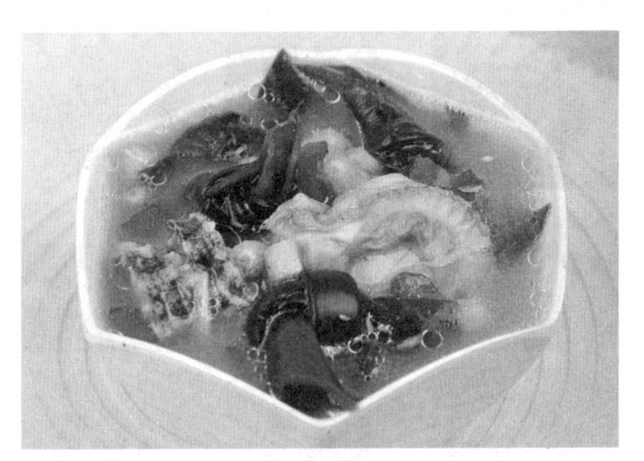

扇贝海带煲

材料 扇贝肉300克，海带结125克

调料 精盐5克，鸡精1克

做法

1. 将扇贝肉洗净。
2. 海带结洗净备用。
3. 净锅上火倒入水，下入扇贝肉、海带结，调入精盐、鸡精煲至熟即可。

节瓜扇贝汤

材料 扇贝肉200克，节瓜125克，鸡蛋1个

调料 高汤适量，精盐3克，葱花少许

做法

1. 将扇贝肉洗净，节瓜洗净去皮切块，鸡蛋打入盛器搅匀备用。
2. 汤锅上火倒入高汤，下入扇贝肉、节瓜，调入精盐煲至熟，淋入鸡蛋液稍煮。
3. 最后撒葱花即可。

蒜蓉粉丝蒸蛏子

制作时间 25分钟

材料 蛏子300克，水发粉丝100克，蒜蓉30克，葱花少许

调料 味精、盐、生抽、食用油各适量

食材处理

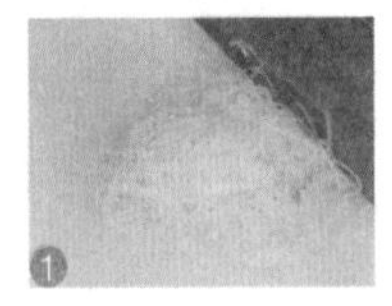
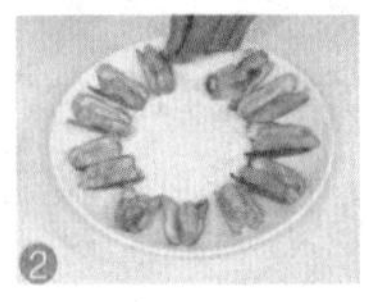

1. 将洗净的粉丝切成段。
2. 蛏子处理好后摆入盘中。
3. 将粉丝摆放在蛏子上。

制作指导 蛏子用淡盐水浸泡，较容易清洗。

做法演示

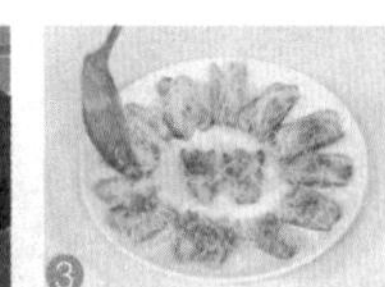

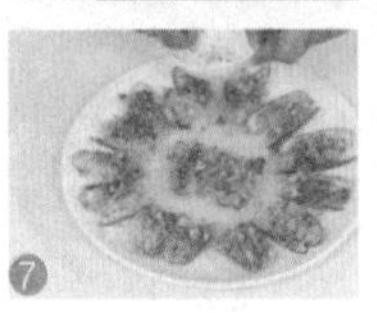
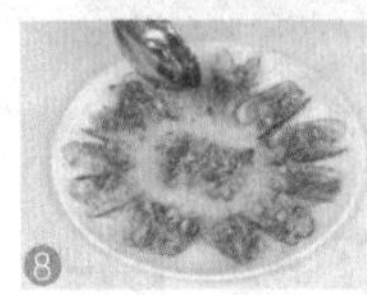
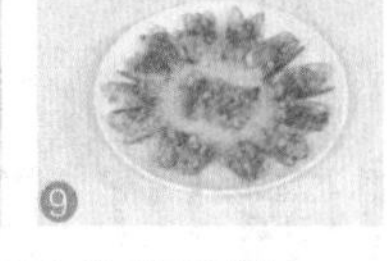

1. 起油锅倒部分蒜蓉炒至金黄再倒少许蒜蓉拌匀。
2. 加盐、味精、生抽，翻炒均匀调味。
3. 将炒好的蒜蓉盛在摆好的粉丝上。
4. 将摆放蛏子的盘放入蒸锅。
5. 加盖，大火蒸约3分钟至熟。
6. 揭开锅盖，取出蒸好的蛏子。
7. 撒上葱花。
8. 浇上烧热的食用油。
9. 装入盘中即可食用。

原汁蛏子汤

材料 蛏子肉250克

调料 精盐5克，香菜段2克，香油3克

做法

1. 将蛏子肉洗净备用。
2. 净锅上火倒入水，加入盐，下入蛏子肉煲至熟，撒入香菜，淋入香油即可。

蛏子豆腐汤

材料 蛏子肉200克，豆腐100克

调料 精盐5克，香油3克，高汤适量，葱花少许

做法

1. 将蛏子肉洗净，豆腐洗净切条状。
2. 锅上火倒入高汤，调入精盐，下入蛏子肉、豆腐煲至熟，淋入香油，撒上葱花即可。

西葫芦鱿鱼花

材料 西葫芦100克，鱿鱼50克，青、红椒各少许

调料 盐、鸡精各3克

做法

1. 西葫芦洗净，切丝。
2. 鱿鱼宰杀治净，切花。
3. 青、红椒均洗净切条。
4. 锅入水烧开，下西葫芦焯一会儿，捞出沥水，入盘。
5. 氽鱿鱼至熟，捞起沥水，放入盘中。
6. 加盐、鸡精拌匀，撒上红、青椒即可。

姜葱焗蛏子

材料 蛏子800克，姜末、葱段各适量

调料 料酒、盐、花椒粉、味精、淀粉、蚝油各适量

做法

1. 蛏子洗净，入开水加料酒煮熟，捞出，去壳备用。
2. 油锅烧热，放入姜末煸香，放入蛏子，加盐、花椒粉、蚝油煸炒。
3. 炒好，加味精、葱段炒匀，以水淀粉勾芡，装盘即可。

花蛤苦瓜汤

制作时间 4分钟

材料 花蛤600克，苦瓜250克，姜片、葱白各少许

调料 盐3克，味精3克，鸡粉3克，胡椒粉、淡奶、食用油各适量

食材处理

1. 洗净的苦瓜切开，去瓤籽，切条，切成丁。
2. 锅中加清水烧开，倒入花蛤。
3. 将花蛤壳煮开后捞出。
4. 放入清水中清洗干净。
5. 将洗净的花蛤装入盘中。

制作指导 清洗花蛤时，放少许盐，有利于将花蛤清洗干净。

做法演示

1. 锅内注油烧热，倒入姜片、葱白爆香。
2. 倒入备用的花蛤炒匀。
3. 加大约800毫升清水。
4. 加盖，煮约1分钟至沸腾。
5. 揭盖，倒入苦瓜，煮约1分钟。
6. 加入盐、味精、鸡粉、胡椒粉，拌匀调味。
7. 加适量淡奶。
8. 加盖煮片刻。
9. 盛出装入盘中即可。

黄瓜拌蛤蜊

材料 黄瓜、蛤蜊肉各适量

调料 盐3克，醋、生抽、红椒、葱白、香菜各适量

做法

①黄瓜洗净切片，排于盘中；蛤蜊肉洗净；红椒、葱白洗净切丝；香菜洗净；锅内注水烧沸，放入蛤蜊肉汆熟后，装碗，再放红椒丝、葱白、香菜。②向碗中加盐、醋、生抽拌匀，再倒入排有黄瓜的盘中即可。

姜葱炒蛤蜊

材料 蛤蜊400克，姜10克，葱10克

调料 盐5克，味精4克，料酒6克，香油8克，蚝油5克，淀粉适量

做法

①蛤蜊用清水养1小时，待其吐沙，洗净，再将其汆水；姜洗净切片；葱洗净切段。②锅中烧油，爆香姜，下蛤蜊爆炒，再下葱段、调味料调味，勾芡即可。

竹笋牡蛎党参汤

材料 牡蛎肉300克，竹笋50克，党参4克

调料 清汤适量，精盐5克

做法

①将牡蛎肉洗净；竹笋处理干净切片；党参洗净备用。②汤锅上火倒入清汤，下入牡蛎肉、竹笋、党参，调入精盐煲至熟即可。

青豆蛤蜊肉煎蛋

材料 鸡蛋3个，青豆50克，蛤蜊肉50克，萝卜干50克，红椒1个

调料 盐3克，鸡精3克

做法

①萝卜干、红椒洗净切丁，蛤蜊肉洗净。②锅上火，加适量水、盐和鸡精煮沸后，下青豆、蛤蜊肉、萝卜干、红椒丁烫至熟后捞出。③鸡蛋打散，加盐、鸡精和备好的材料搅匀，入锅煎黄即可。

山药肉片蛤蜊汤

材料 蛤蜊120克，山药45克，猪肉30克

调料 精盐3克，香菜末5克，香油2克

做法

1. 将蛤蜊洗净，山药去皮洗净切片，猪肉洗净切片备用。
2. 净锅上火倒入水，调入精盐，下入肉片烧开，打去浮沫，下入山药煮8分钟，再下入蛤蜊煲至熟，撒入香菜末，淋入香油即可。

蛤蜊乳鸽汤

材料 黄花菜50克，乳鸽1只，蛤蜊100克

调料 花生油15克，精盐少许，葱段、姜片各3克，香菜末2克

做法

1. 将蛤蜊洗净，乳鸽治净斩块，黄花菜洗净备用。
2. 锅上火倒入花生油，将葱、姜爆香，下入黄花菜煸炒，倒入水，下入乳鸽块、蛤蜊，调入精盐煲至熟，撒入香菜即可。

山芹蛤蜊鱼丸汤

材料 草鱼肉250克，山芹100克，蛤蜊75克

调料 高汤适量，精盐少许，味精3克

做法

1. 将草鱼肉洗净斩成蓉加精盐搅匀，山芹洗净切末，蛤蜊洗净备用。
2. 炒锅上火倒入高汤，下入鱼蓉做成的丸子烧沸，调入精盐、味精，下入蛤蜊、山芹烧开即可。

蛤蜊煲羊排

材料 蛤蜊175克，羊排100克，豆腐30克

调料 精盐少许，胡椒粉3克

做法

1. 将蛤蜊洗净；羊排洗净斩块，汆水；豆腐切块备用。
2. 净锅上火倒入水，调入精盐，下入羊排煲至快熟时，下入豆腐、蛤蜊煲至熟，调入胡椒粉即可。

清炒蛤蜊

材料 蛤蜊450克

调料 葱、姜各5克，红辣椒、干红椒各3克，蚝油10克，料酒8克，盐3克

做法

1. 蛤蜊洗净，入冷水锅中煮至开口，再冲洗干净，沥干水分。
2. 将葱洗净切碎；姜、红辣椒分别洗净切丝；干红椒洗净切段。
3. 油锅烧热，下姜末、干红椒、红椒丝煸香，再放蛤蜊肉翻炒，加入葱花、蚝油、料酒、盐，稍炒后盛入盘中。

白菜牡蛎粉丝汤

材料 牡蛎肉300克，白菜150克，水发粉丝30克

调料 花生油15克，精盐4克，葱段、姜片、蒜片各2克

做法

1. 将牡蛎肉洗净，白菜洗净切块，水发粉丝洗净切段备用。
2. 汤锅上火倒入花生油，将葱、姜、蒜爆香，下入白菜稍炒。
3. 倒入水，下入牡蛎肉、水发粉丝，调入精盐煲至熟即可。

葱烧海参

材料 水发海参250克，大葱150克

调料 盐3克，料酒9克，淀粉9克，酱油3克，味精1克，蚝油20克

做法

1. 水发海参洗净，切成长条状，汆水后捞出；大葱洗净切成片状。

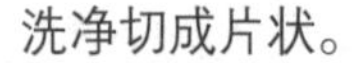

2. 炒锅倒油烧热，放入大葱炒香，倒入海参煸炒。
3. 调入味精、盐、料酒、酱油、蚝油、水，烧至海参软，用水淀粉勾芡。

琥珀蜜豆炒贝参

材料 核桃仁150克，熟白芝麻50克，豆角350克，北极贝300克，海参200克

调料 糖20克，盐3克，味精1克

做法

1. 北极贝洗净沥干；海参洗净切条，汆水捞出；豆角洗净切段，焯水沥干。
2. 锅倒糖烧热，放入核桃仁炒至上糖色捞出，粘上熟白芝麻。
3. 锅倒油烧热，倒入豆角煸炒，加入海参、北极贝翻炒。
4. 调入盐、味精入味，撒上核桃仁炒匀即可。

海参烩鱼条

材料 海参200克，鱼肉300克，青菜100克

调料 盐3克，味精1克，醋8克，生抽12克

做法

①海参洗净，切成条；鱼肉洗净，加盐、味精、生抽腌渍入味，再捏成条；青菜洗净。②锅内注油烧热，放入鱼条滑炒至变色后，加入海参、青菜炒匀。③炒至熟后加入盐、醋、生抽炒匀入味，以味精调味，起锅装盘即可。

丝瓜海鲜煲

材料 水发海参80克，虾30克，丝瓜50克，竹荪100克

调料 蚝油10克，盐3克

做法

①海参洗净，切小块；虾治净，去掉头、须、胸，然后在虾肉上切几刀，放入热油锅中，滑炒至八成熟时，捞出。②竹荪去掉头，用冷水泡发；丝瓜去皮，洗净，然后切成圆形片。③将海参、虾、竹荪放入砂锅中，煮至水滚，放入丝瓜、蚝油、盐，再煮几分钟即可。

海参牛尾汤

材料 牛尾200克，水发海参1条，枸杞子10克

调料 高汤适量，精盐少许，味精3克

做法

①将牛尾洗净、切块、汆水，水发海参、枸杞子洗净备用。②汤锅上火倒入高汤，下入牛尾、海参、枸杞子，调入精盐、味精，煲至熟即可。

双色海参汤

材料 水发海参1条，豆腐、火腿各50克

调料 高汤适量，精盐5克，葱花3克

做法

①将水发海参洗净切片，豆腐、火腿均洗净切片备用。②净锅上火倒入高汤，调入精盐、葱花烧开，下入豆腐、火腿煮至熟，再下入水发海参烧开即可。

凉拌海蜇

材料 海蜇600克

调料 盐1克，味精2克，白糖1克，香油5克，辣椒油5克，醋3克，红椒丝10克，白芝麻5克

做法

1. 先将海蜇洗净切成4厘米长的段。
2. 将切好的海蜇用开水氽熟捞起，红椒丝在沸水中烫一下捞起。
3. 将氽熟的海蜇加入红椒丝和白芝麻以外调味料拌匀后，装碟撒上白芝麻即可。

黄瓜蜇头

材料 海蜇头200克，黄瓜50克

调料 盐、醋、生抽、红油、红椒各适量

做法

1. 黄瓜洗净切片，排于盘中；海蜇头洗净；红椒洗净，切片，用沸水焯一下待用。
2. 锅内注水烧沸，放入海蜇头氽熟后，捞起沥干放凉并装入碗中，再放入红椒。
3. 向碗中加入盐、醋、生抽、红油拌匀，再倒入排有黄瓜的盘中。

凉拌海蜇萝卜丝

制作时间 3分钟

材料 海蜇丝250克，白萝卜120克，姜丝15克，蒜蓉、朝天椒末、葱花各少许

调料 盐、味精、白糖、白醋、辣椒油、芝麻油各适量

营养分析

海蜇丝含蛋白质、钙、碘以及多种维生素，具有清热解毒、软坚化痰、降压消肿之功效，从事纺织、粮食加工等与尘埃接触较多的人员常吃海蜇，可以去尘积、清肠胃，有益于身体健康。

制作指导 海蜇丝清洗干净，放入热水锅中，大约10 15秒钟左右就可以捞出，焯煮时间过长，海蜇丝的口感会变差。

做法演示

1. 白萝卜去皮洗净，切丝。
2. 将洗净的海蜇丝放入沸水锅中焯煮1分钟至熟。
3. 捞出装入碗中。
4. 将萝卜丝倒入装有海蜇丝的碗中。
5. 倒入蒜蓉、姜丝、朝天椒末。
6. 加盐、味精、白糖、白醋。
7. 再倒入辣椒油、芝麻油。
8. 用筷子充分搅拌均匀。
9. 装入盘中即可食用。

干贝蒸白萝卜

材料 白萝卜250克，干贝6粒

调料 盐3克

做法

1. 干贝泡软，备用。
2. 萝卜削皮洗净，切成段。
3. 中间挖一小洞，将干贝一一塞入，盛于容器内，将盐均匀撒上。
4. 将萝卜移入蒸锅，蒸熟即成。

牡蛎白萝卜蛋汤

材料 牡蛎肉300克，白萝卜100克，鸡蛋1个

调料 精盐5克，葱花少许

做法

1. 将牡蛎肉洗净，白萝卜洗净切丝，鸡蛋打入盛器搅匀备用。
2. 汤锅上火倒入水，下入牡蛎肉、白萝卜烧开，调入精盐，淋入鸡蛋液煮熟，撒上葱花即可。

西红柿豆腐鲫鱼汤

材料 鲫鱼1尾，豆腐50克，西红柿40克

调料 精盐6克，葱段、姜片各3克，香油5克

做法

1. 将鲫鱼治净。
2. 豆腐切块。
3. 西红柿洗净切块备用。
4. 净锅上火倒入水，调入精盐、葱段、姜片。
5. 下入鲫鱼、豆腐、西红柿煲至熟，淋入香油即可。

豆腐红枣泥鳅汤

材料 泥鳅300克，豆腐200克，红枣50克

调料 精盐少许，味精3克，高汤适量

做法

1. 将泥鳅治净备用。
2. 豆腐切小块。
3. 红枣洗净。
4. 锅上火倒入高汤，调入精盐、味精。
5. 加入泥鳅、豆腐、红枣煲至熟即可。

豆腐韭香虾仁汤

材料 鲜虾仁150克，豆腐100克，韭菜15克，鸡蛋1个

调料 清汤适量，精盐少许

做法

1. 将鲜虾仁洗净。
2. 豆腐洗净切丁。
3. 韭菜择洗净切段。
4. 鸡蛋打入盛器搅匀备用。
5. 净锅上火倒入清汤，下入鲜虾仁、豆腐、韭菜，调入精盐烧开，打入鸡蛋煮至熟即可。

炒什锦蘑菇

材料 平菇、白蘑菇、黑木耳、金针菇、鱿鱼、熟芝麻各适量

调料 青椒、红椒、盐、味精各适量

做法

1. 平菇、白蘑菇、黑木耳、青红椒洗净，切片。
2. 金针菇洗净。
3. 鱿鱼洗净，切段。
4. 热锅下油，放入所有原料和青红椒翻炒，加适量水稍焖。
5. 放入盐和味精炒熟，出锅后撒上熟芝麻即可。

松茸炒鲜鱿

材料 鱿鱼1条，松茸30克，红椒2个

调料 盐5克，味精3克，鸡精2克，料酒6克，酱油5克，胡椒粉2克

做法

1. 鱿鱼洗净切麦穗花刀。
2. 松茸洗净，切片。
3. 红椒洗净切片。
4. 将鱿鱼、松茸入沸水中氽烫，捞出沥水。
5. 锅中油烧热，下入鱿鱼、松茸、红椒，烹入料酒，加入其他调味料炒熟即可。

野山菌炒鲜贝

材料 野山菌、鲜贝肉各250克，红椒50克

调料 盐4克，料酒8克

做法

1. 鲜贝肉洗净。
2. 红椒洗净，切条。
3. 野山菌洗净，去根部备用。
4. 油锅烧热，放鲜贝肉，烹料酒，滑熟，捞出；另起油锅，放野山菌翻炒。
5. 炒至八成熟时，放入鲜贝肉、红椒炒匀，加盐调味，装盘即可。

老黄瓜炖泥鳅

材料 泥鳅400克，老黄瓜100克

调料 盐3克，醋10克，酱油15克，香菜少许

做法

1. 泥鳅治净，切段；老黄瓜洗净，去皮，切块；香菜洗净。
2. 锅内注油烧热，放入泥鳅翻炒至变色，注入适量水，并放入黄瓜焖煮。
3. 煮至熟后，加入盐、醋、酱油调味，撒上香菜即可。

草菇虾仁

材料 虾仁300克，草菇150克，胡萝卜半根

调料 葱2根，蛋白1个，盐3克，胡椒粉少许，淀粉3克，酒5克

做法

1. 虾仁挑净泥肠，洗净后拭干。
2. 净锅上火倒入水，调入精盐，下入西芹、百合烧开，浇入鸡蛋液，煲至熟，淋入香油即可。
3. 油烧热，放入虾仁炸至变红时捞出，余油倒出，另用油炒葱段、胡萝卜片和草菇，然后将虾仁回锅，加入调味料同炒至匀，盛出即可。

草菇螺片汤

材料 杏鲍菇100克，草菇100克，滑子菇50克，大海螺1个

调料 精盐少许，葱3克，高汤、味精、香油各2克

做法

1. 将杏鲍菇洗净、切片，草菇、滑子菇浸泡、洗净，大海螺肉切大片备用。
2. 炒锅上火倒入油，将葱炒香，倒入高汤。
3. 调入精盐、味精，加入杂菇、螺片煲至熟，淋入香油即可。

鸡腿菇烧牛蛙

材料 牛蛙100克，鸡腿菇150克，红椒10克

调料 葱10克，盐3克，胡椒粉2克，酱油4克，姜末8克，鸡精3克

做法

1. 牛蛙去皮，斩大块洗净，用酱油、胡椒粉稍腌。
2. 鸡腿菇对切，红椒切片，葱切段。
3. 牛蛙入油锅中滑散后捞出。
4. 锅置火上，加油烧热，下入牛蛙和鸡腿菇、红椒片，加入其他调味料炒匀即可。

木耳煲双脆

材料 牛百叶300克，海蜇150克，木耳100克

调料 花生油20克，精盐适量，味精3克，葱、姜各3克，香油2克

做法

1. 将牛百叶洗净、切片。
2. 海蜇泡去盐分洗净，木耳洗净撕成小块备用。
3. 炒锅上火倒入花生油，将葱、姜爆香，倒入水，调入精盐、味精。
4. 下入牛百叶、海蜇、木耳，大火煲熟，淋入香油即可。

黑木耳水蛇汤

材料 水蛇200克，黑木耳100克

调料 清汤适量，精盐5克，鸡精4克，香菜末3克，香油2克

做法

1. 将水蛇治净斩块。
2. 黑木耳洗净泡发备用。
3. 锅上火倒入清汤，加入精盐、鸡精。
4. 下入水蛇、黑木耳煲至熟。
5. 淋入香油，撒上香菜即可。

上汤蛤蜊丝瓜

材料 丝瓜、蛤蜊各300克，蒜、红椒各适量

调料 盐、味精各3克，料酒、上汤各适量

做法

1. 丝瓜削去老皮，洗净，切段。
2. 蛤蜊洗净，用盐和料酒腌渍。
3. 蒜洗净，切段。
4. 红椒洗净，切片。
5. 热锅下油，放入丝瓜、蛤蜊、蒜、红椒翻炒，加入上汤稍焖。
6. 加入盐和味精调味，炒熟即可。

海味丝瓜油条

材料 丝瓜400克，海蜇、油条各100克，红椒适量

调料 盐2克，味精1克

做法

1. 丝瓜削去老皮，洗净，切片。
2. 油条撕成小片。
3. 红椒洗净，切片。
4. 海蜇洗净，切片。
5. 锅中热油，下入丝瓜、海蜇、油条和红椒翻炒，加入适量水稍焖。
6. 待丝瓜熟后，加盐和味精调味即可。